高等职业教育新形态教材

QIANGONG JIAGONG JISHU

钳工加工技术

主　编　展一贤　顾建疆
副主编　张珊珊　杨　彪　杨徐飞
哈里·约克斯

天津出版传媒集团
天津教育出版社
TIANJIN EDUCATION PRESS

图书在版编目（C I P）数据

钳工加工技术 / 展一贤，顾建疆主编. -- 天津 ：天津教育出版社，2024.6（2025.7重印）.
ISBN 978-7-5309-9085-8

Ⅰ. ①钳… Ⅱ. ①展… ②顾… Ⅲ. ①钳工－高等职业教育－教材 Ⅳ. ①TG9

中国国家版本馆CIP数据核字（2024）第111380号

钳工加工技术
QIANGONG JIAGONG JISHU

出版人 黄 沛

主 编 展一贤 顾建疆
责任编辑 尹福友
装帧设计 王 楠
封面设计 明轩文化 TEL:23674746 · 李晶晶

出版发行 天津出版传媒集团
天津教育出版社
天津市和平区西康路35号 邮政编码 300051
http://www.tjeph.com.cn

经 销 新华书店
印 刷 天津中图印刷科技有限公司
版 次 2024年6月第1版
印 次 2025年7月第2次印刷
规 格 16开（889毫米×1194毫米）
字 数 240千字
印 张 12.5

定 价 41.00元

前言

《钳工加工技术》教材是以习近平新时代中国特色社会主义思想为指导，深入贯彻党的二十大精神，全面贯彻党的教育方针，弘扬社会主义核心价值观，服务区域产业发展，遵循教育教学规律和人才培养规律编写的新形态教材。该教材主要面向高职装备制造大类专业学生以及企业相关岗位员工，对接钳工岗位能力要求，参考国家钳工职业技能标准编制而成。以教材为指导，开展钳工技能实践活动，提升学生的综合实践应用能力及岗位适应能力。

教材整体采用任务驱动式，在模块设置上，对接机械设计制造类专业常规岗位。岗位一零部件测量与检验，对接企业质检岗位；岗位二钳工划线，对接企业钳工划线岗位；岗位三零部件手工加工，对接企业生产岗位；岗位四典型机构拆装，对接企业设备维修岗位；岗位五 综合生产应用，对接企业生产管理岗位。

在任务设置上，各岗位模块设有典型生产任务，任务设置由浅入深，可适用于不同层次的学生学习。充分利用“活页式”优势，学生可根据自身情况，组合拆解各项任务，找到适合自己的技能提升途径。

在任务设计上，有钳工典型生产任务，如制作手锤、制作六角螺母等；有具有趣味性且能提升学习兴趣的生产任务，如制作爱心、五角星、鲁班锁等；有提升学生爱国情怀和工匠精神的生产任务，如五角星、爱心、“匠”字零件等；有对接职业技能考核的生产项目，如Ω形卡、减速器拆装等。

在内容设计上，每项任务包括：“引导问题”帮助学生了解任务实施前须掌握的基本技能相关知识；“任务内容”让学生明确具体任务；“任务指导”有详细的生产步骤，帮助部分基础较差的学生，顺利完成任务；“任务实施”中须学生在开展任务前制定详细的生产步骤，保证任务顺利完成；“评分表”作为任务实施成效的评价，让学生了解任务实施中的缺陷；“总结与反思”让学生养成经验总结的习惯，不断改进与提升自身技能。任务结构上更注重学生的主动思考，引导学生自主编制生产工艺，找到最合适的生产加工方法，鼓励学生自主分析，总结失误，找出问题产生原因。图纸为单独书页，可拆下悬挂于实践场地，方便实践操作。教材技能点处配有二维码，链接至相关技能展示视频，方便学生理解和掌握相关技能知识。

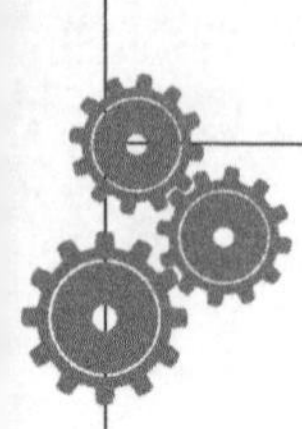

本书主编为新疆石河子职业技术学院展一贤、顾建疆，副主编为新疆石河子职业技术学院张珊珊、杨彪、杨徐飞、哈里·约克斯。同时参与编写指导的还有新疆众合股份有限公司高纯铝铸造车间主任贺伟、电极箔腐蚀车间主任贾建民等一线企业专家，他们对教材的编写提出了许多宝贵意见，在此表示由衷的感谢。

由于编者水平有限，书中缺点和错误在所难免，欢迎读者批评指正。

编者

2024年3月

目录

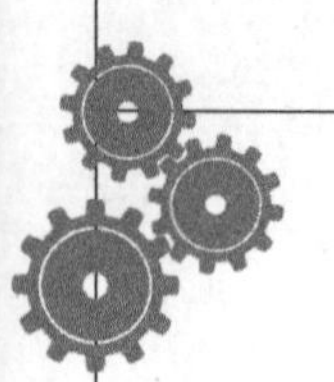

岗位一　零部件测量与检验

工作任务一　走进钳工

【任务描述】

本任务通过参观钳工实训场地，对钳工设备进行展示介绍与结构分析。了解钳工场地布局要求，钳工常用设备的结构、原理及使用注意事项。

【学习目标】

>> 知识目标 <<

1.认识钳工常用设备和结构原理。

2.了解钳工场地的基本布置。

3.了解钳工安全操作规程。

4.区分钳工常用工具的种类。

>> 技能目标 <<

1.能够正确使用钳工常用的设备。

2.能够正确识别钳工的常用工具。

3.能够正确操作钳工常用设备，保证安全生产。

>> 思政育人目标 <<

通过对钳工工艺的学习，了解钳工工艺在我国工业中的重要性；通过钳工工匠精神的学习，培养学生学习钳工的兴趣，激发学生学习钳工的动力。

【建议预习内容】

预习“模块一　走进钳工”和“模块二　测量基本技能”。

【思政小课堂】

请浏览人民网，阅读文章《职业道德与工匠精神》。

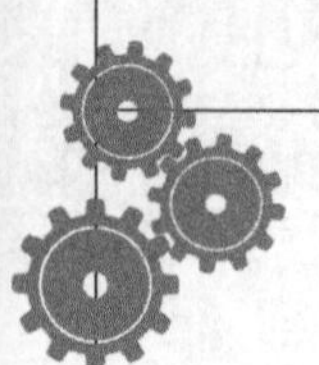

班级:＿＿＿＿＿＿　　姓名:＿＿＿＿＿＿　　学号:＿＿＿＿＿＿

【引导问题】

1.钳工的工作范围很广，灵活性很大，适用性很强。随着机械工业的发展，钳工分工进一步细化，如:＿＿＿＿＿＿、＿＿＿＿＿＿、＿＿＿＿＿＿、＿＿＿＿＿＿、＿＿＿＿＿＿、工具钳工、钣金钳工等。

2.钳工工作的主要任务有哪些?

3.钳工的常用设备有哪些?

4.电动工具安全操作规程有哪些?

5.量具按其用途和特点，可分为＿＿＿＿＿＿、＿＿＿＿＿＿和标准量具三种类型。

【拓展问题】

我们为什么要弘扬工匠精神?

【任务内容】

完成以下设备、工具和量具的识别。

一、任务描述

通过对钳工实训场地的观察与学习，正确填写表格中的对应信息。

图片	名称	主要用途

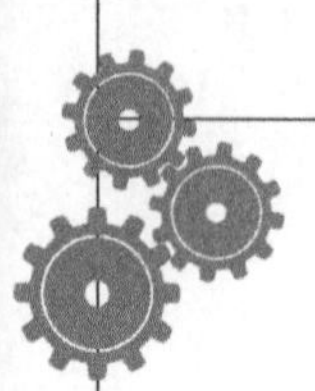

图片	名称	主要用途

二、量具的读数

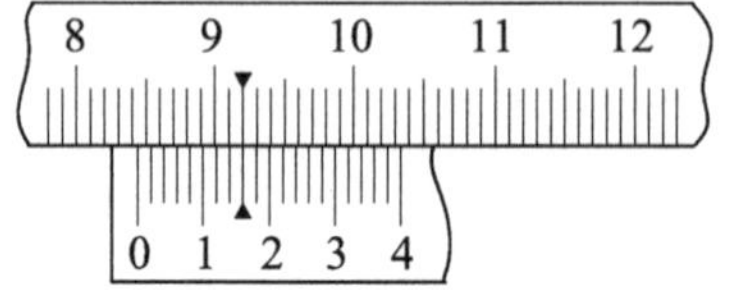

实操
游标卡尺

图 1-1-1

1. 图 1-1-1 中游标卡尺的图读数为__________。

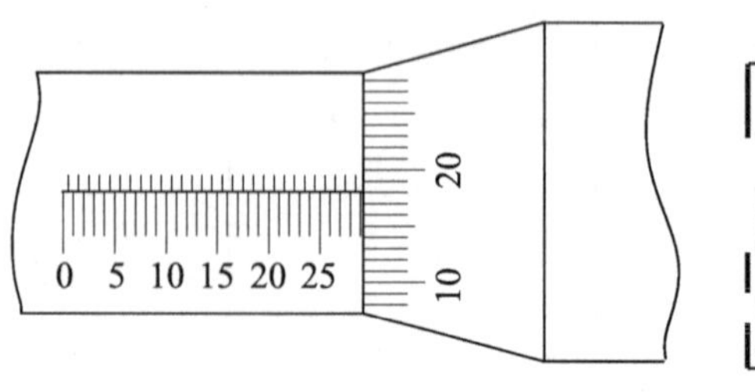

实操
千分尺

图 1-1-2

2. 图 1-1-2 中千分尺的读数为__________。

【任务指导】

一、任务分析

本任务需要掌握钳工常用的设备和工具的种类、安全操作规程，通过学习和实践掌握钳工常用设备和工具、量具的使用方法。

二、知识链接

（一）钳工的基本知识

钳工是手持工具对金属进行加工的方法。钳工工作主要以手工方法，利用各种工具和常用设备对金属进行加工。

随着工业的发展，在比较大的企业里，对钳工还有比较细的分工。钳工的专业分工装配钳工、修理钳工、模具钳工、划线钳工、工具、夹具钳工，无论是哪一种钳工，要想完成好本职工作，首先应该掌握钳工的基本操作。钳工的基本操作有划线、锉削、錾削、锯削、钻孔、扩孔、锪孔、铰孔、攻螺纹、套螺纹、刮削、研磨和装配。

1.钳工的加工特点。

（1）加工灵活、方便，能够加工形状复杂、质量要求较高的零件。

（2）工具简单，制造刃磨方便，材料来源充足，成本低。

（3）劳动强度大，生产率低，对个人技术水平要求较高。

2.钳工的加工范围。

（1）加工前的准备工作。如清理毛坯，在工件上划线等。

（2）加工精密零件。如锉样板、刮削或研磨机器量具的配合表面等。

（3）零件装配成机器时互相配合零件的调整，整台机器的组装、试车、调试等。

（4）机器设备的保养维护。

（二）钳工的常用设备

1.钳台。

钳台也称钳桌，它是钳工操作的专用案子，如图1-1-3所示。

图1-1-3　钳台

2.台虎钳。

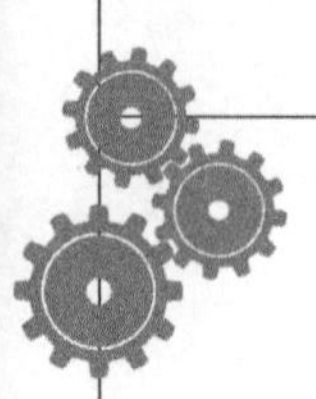

台虎钳装在钳台上，用来夹持工件，其规格以钳口的宽度来表示，常用的有100 mm（4 in）、125 mm（5 in）和150 mm（6 in）等。台虎钳有固定台虎钳和回转式台虎钳，如图1-1-4，1-1-5所示。

图1-1-4　固定台虎钳

图1-1-5　回转式台虎钳

3.砂轮机。

砂轮机是刃磨钻头、錾子、刮刀及各种刀具的专用设备。砂轮机主要由砂轮、电动机和机体组成，如图1-1-6所示。

图1-1-6　砂轮机

4.钻床。

钻床是一种常用的孔加工机床。钻床上可装夹钻头、扩孔钻、锪钻、铰刀、镗刀、丝锥等刀具，用来进行钻孔、扩孔、锪孔、铰孔、镗孔以及攻螺纹等工作。根据钻床结构和适用范围不同，可将其分为台式钻床（简称台钻）、立式钻床（简称立钻）和摇臂钻床三种，如图1-1-7所示。

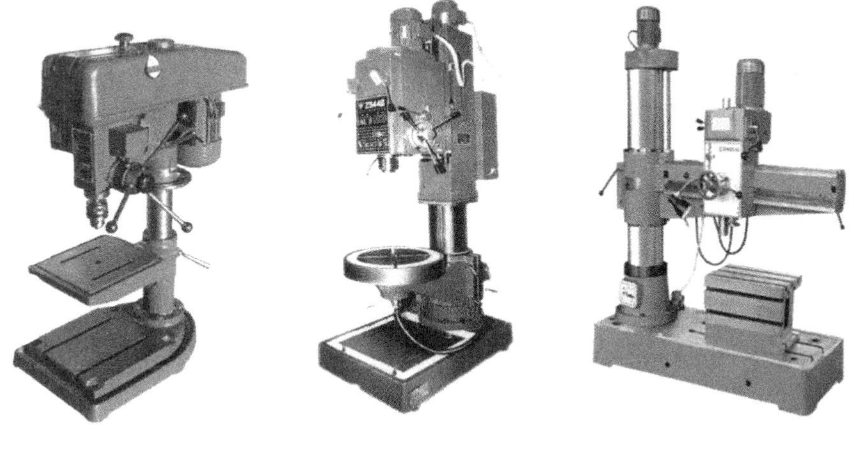

图1-1-7 各类钻床

（三）钳工常用工具

实操
钳工常用工具

钳工常用的手工工具包括划线工具、錾削工具、锯割工具、锉削工具等。

1.划线工具。

（1）基准工具：包括划线平板、方箱、V形铁、三角铁、弯板（直角板）以及各种分度头等。

（2）量具：包括钢板尺、量高尺、游标卡尺、万能角度尺、直角尺以及测量长尺寸的钢卷尺等。

（3）绘画工具：包括画针、划线盘、高度游标尺、划规、画卡、平尺、曲线板以及手锤、样冲等。

（4）辅助工具：包括垫铁、千斤顶、C形夹头和夹钳以及找中心画圆时打入工件孔中的木条、铅条等。

2.錾削工具。

錾削是利用锤子锤击錾子，实现对工件切削加工的一种方法。錾削时使用的工具主要有锤子（图1-1-8）和錾子（图1-1-9）。

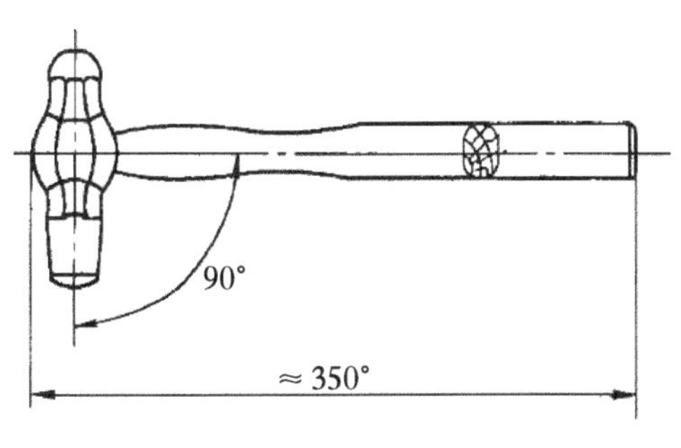

图1-1-8 锤子

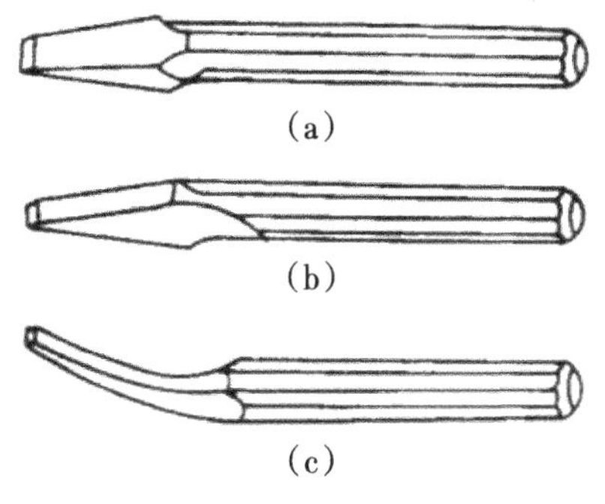

图1-1-9 錾子

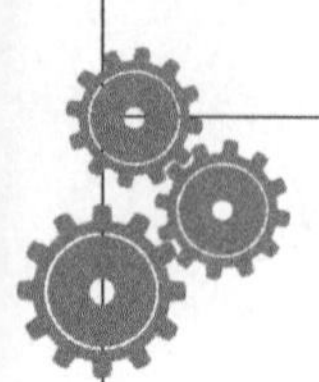

3.锯割工具。

用手锯对材料或工件进行切断或切槽的加工方法叫锯削。手锯是锯削的主要工具，如图1-1-10，由锯弓和锯条两部分组成。

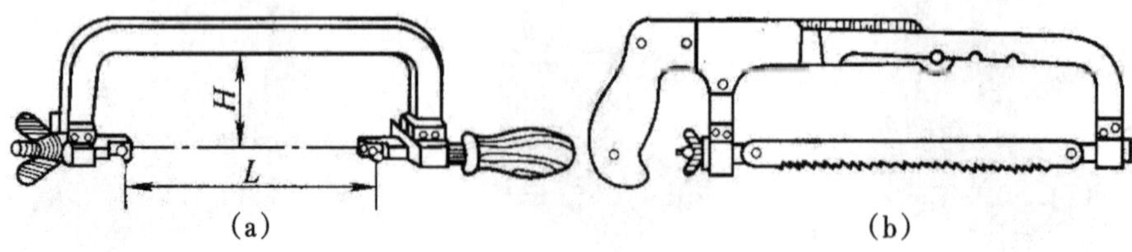

图1-1-10　手锯

4.锉削工具。

锉削是用锉刀对工件进行切削加工的方法称为锉削。锉刀是用高碳工具钢制成，如图1-1-11，钳工中常用的有钳工锉、异形锉和整形锉，按照锉刀的截面分为平锉、方锉、三角锉、半圆锉和圆锉5种。

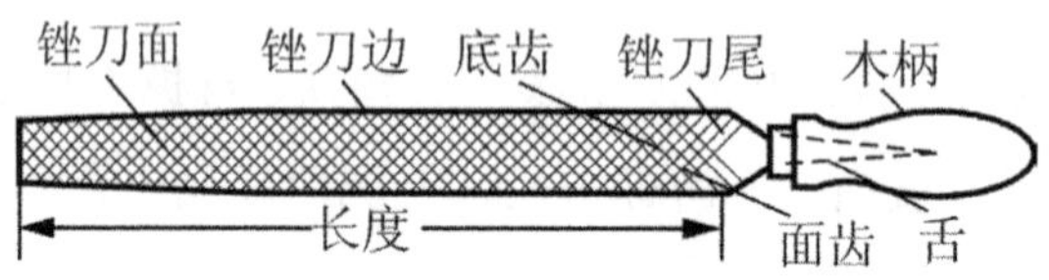

图1-1-11　锉刀

5.螺纹工具。

用丝锥在工件孔中切削出内螺纹的加工方法叫攻螺纹，如图1-1-12所示。用板牙在圆杆上切出外螺纹的加工方法叫套螺纹，如图1-1-13所示。

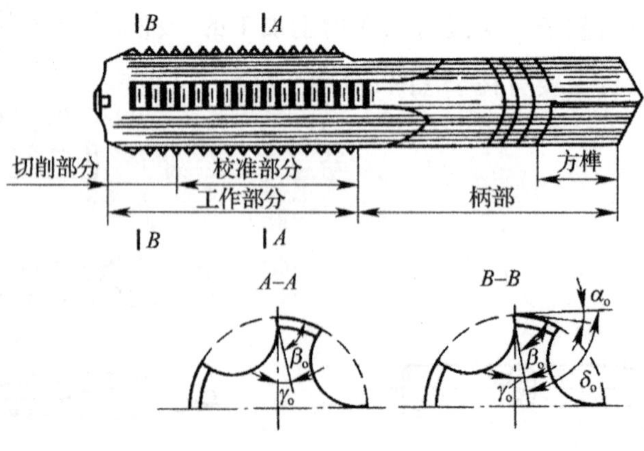

图1-1-12　丝锥

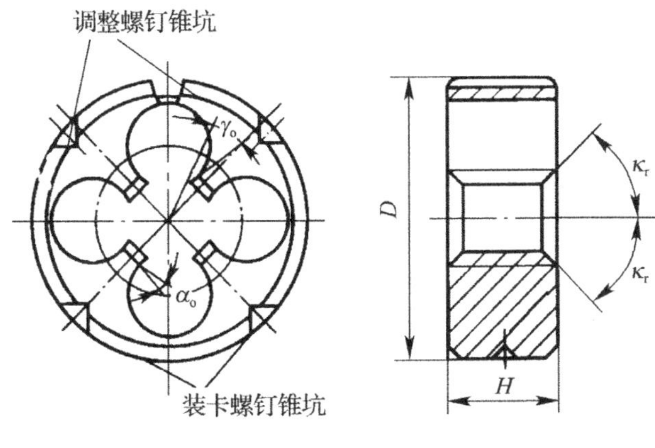

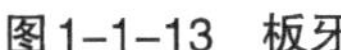
图1-1-13　板牙

三、钳工安全操作规程

1.工作前，必须对工作现场和所需用的各种工具进行全面检查，避免发生意外危险。

2.操作前，应先熟悉图样、工艺文件及有关技术要求，严格按规定加工。

3.用台虎钳夹紧工件前，应先检查台虎钳的紧固性。若装卡面为已加工表面，则钳口部位需加铜质或铝质等软质垫板，以保护工件及钳口。

4.工作时，锤头与錾子头部不应有油。

5.根据工件表面粗糙度要求，选择不同锉齿的锉刀进行锉削，细锉不可用作粗锉。

6.保持锉刀齿面清洁，经常用锉刀刷清理。

7.正确地掌握量具、刃具的使用方法与维护方法，保证量具、刃具的精度与测量的准确性。

8.锯割时，应根据工件的硬度、尺寸和外形选择锯齿的粗细。

9.钻削时，严禁戴手套接近旋转体。

10.攻螺纹或套螺纹时，应根据不同材质的工件，合理地选用润滑油。

11.铰孔时要用力平稳，压力不宜太大。

12.刃磨平面刮刀时，在刮刀顶端两侧应有少许圆角，以避免刮研对工件表面造成划伤。

13.对孔进行研磨时，应根据工艺文件要求，检查研磨前孔的尺寸精度、形状误差、表面粗糙度，根据检查结果选择合适的研磨棒。

14.錾削工件时应戴上防护眼镜，并在钳台上用护具进行防护，以防伤人。

15.使用手工电动工具时，应遵守安全操作规程，戴上绝缘手套。

16.拆卸无图样的机器设备时，必须按照拆卸的顺序，在拆下的零件上做出顺序标记，以便日后组装。

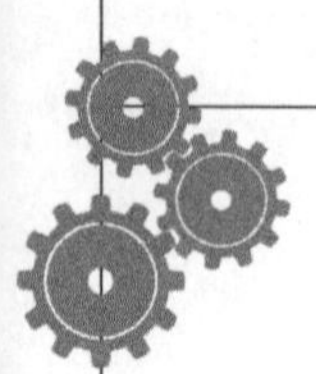

学习报告单

<table>
<tr><td>班级</td><td></td><td>姓名</td><td></td><td>学号</td><td></td></tr>
<tr><td colspan="6">台虎钳装配图</td></tr>
<tr><td colspan="6"> 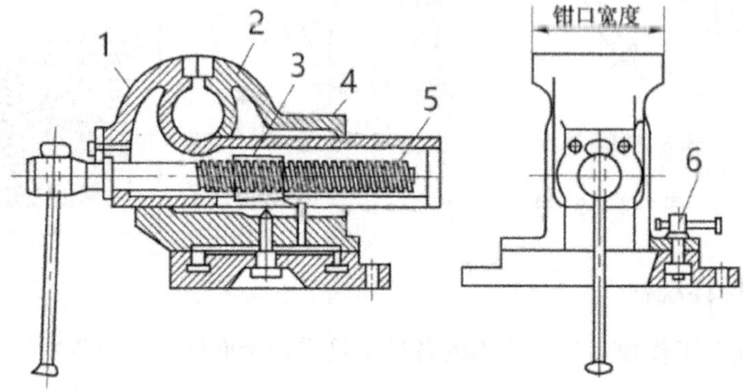</td></tr>
<tr><td colspan="6">作答区域</td></tr>
<tr><td>设备名称</td><td></td><td>安装
方式</td><td></td><td>是否可转位</td><td></td></tr>
<tr><td>序号</td><td colspan="5">构件名称</td></tr>
<tr><td>1</td><td colspan="5"></td></tr>
<tr><td>2</td><td colspan="5"></td></tr>
<tr><td>3</td><td colspan="5"></td></tr>
<tr><td>4</td><td colspan="5"></td></tr>
<tr><td>5</td><td colspan="5"></td></tr>
<tr><td>6</td><td colspan="5"></td></tr>
<tr><td colspan="6">台虎钳的常用规格</td></tr>
<tr><td colspan="6"></td></tr>
</table>

班级:______________ 姓名:______________ 学号:______________

【总结与反思】

1.钳工常用的工具和量具有哪些?

2.钳工加工过程中应该注意哪些安全事项?

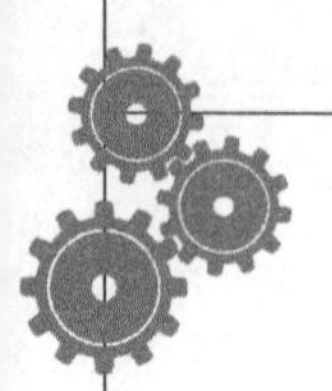

工作任务二　测量六角螺母

【任务描述】

本任务使用钳工常用量具对给定的六角螺母进行测量，根据任务单测量具体尺寸，将测量结果填入对应位置，并判断产品是否合格。

【学习目标】

>> 知识目标 <<

1.钳工常用量具的用法。

2.钳工常用量具的读数方法。

3.测量数据处理的一般方法。

>> 技能目标 <<

1.能够正确使用量具完成具体尺寸的测量。

2.能够正确处理和分析测量数据。

3.能够根据给定的数据分析测量结果并判定零件是否合格。

>> 思政育人目标 <<

各种量具是保证零件加工精度的关键，重点培养学生精益求精的工匠精神。

【建议预习内容】

钳工常用量具技能模块。

【思政小课堂】

请浏览央视网，观看“军迷行天下”：这个高科技车间究竟有何秘密武器。

班级:______________ 姓名:______________ 学号:______________

【引导问题】

1. 测量线性尺寸的通用量具通常有哪些?

2. 游标卡尺的测量精度通常可以达到多少?如何判定?

3. 什么叫做游标卡尺的刻线原理?

4. 万能游标角度尺的量程范围是多少?

5. 万能游标角度尺的四种不同安装方式是如何安装的?它们的量程范围分别是多少?

【拓展问题】

利用互联网查阅"三坐标仪"的相关内容,回答下列问题。

1. 三坐标仪有哪些结构类型?

2. 三坐标仪相对于普通测量工具有哪些优势与不足?

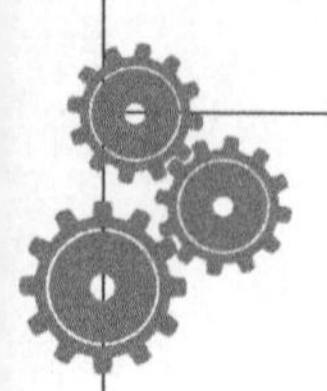

【任务内容】

完成六角螺母的测量任务，并填写任务单。

一、任务描述

测量零件为六角螺母，如图1-2-1，须通过给定通用量具，完成检测报告单中的所有尺寸的测量，并填写报告单。

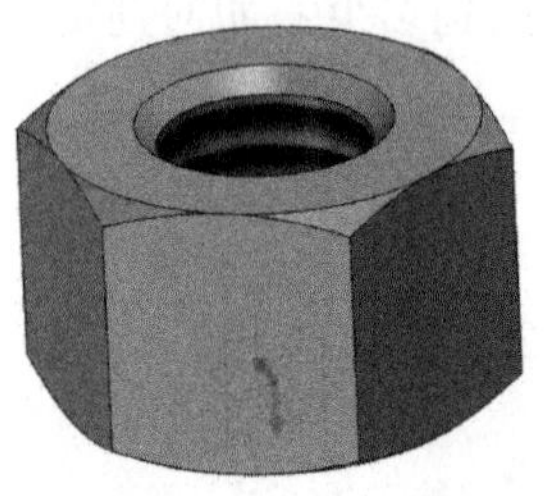

图1-2-1　六角螺母

二、测量时间

20分钟。

三、注意事项

1.合理选择正确的量具完成测量操作。

2.正确使用各种量具，如出现违规操作或损坏量具的需进行赔偿并扣除平时成绩。

3.注意职业道德及规范，注重培养精益求精的工匠精神和团队协作的职业精神。

【任务指导】

一、任务分析

本任务为零件测量任务，被测零件为六角螺母。分析其结构可知，须测量的尺寸包括线性尺寸、角度尺寸、螺纹尺寸等。故需要用到游标卡尺、万能角度尺和螺纹规。

二、知识链接

1.游标卡尺。

游标卡尺是一种比较精密的量具，它可以直接测量出工件的长度、宽度、深度以及圆形工件的内外径尺寸等，如图1-2-2。

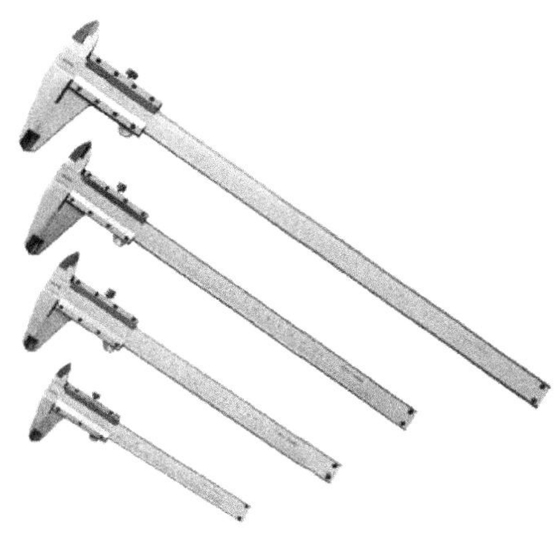

图1-2-2　游标卡尺

游标卡尺按测量范围可分为0~100 mm、0~125 mm、0~150 mm、0~200 mm、0~300 mm、0~400 mm、0~500 mm、0~600 mm、0~800 mm、0~1000 mm、0~1200 mm共11种规格，其测量精度有0.1 mm、0.05 mm、0.02 mm、0.01 mm四种。常用的为0.02 mm精度的游标卡尺。

游标卡尺结构如图1-2-3所示，由尺身1、量爪2和7、尺框3、紧定螺钉4、深度尺5、游标6构成。

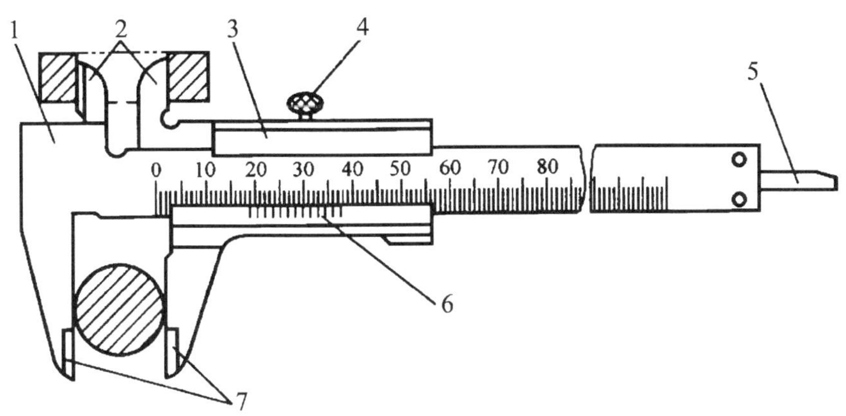

1-尺身　2、7-量爪　3-尺框　4-紧定螺钉　5-深度尺　6-游标

图1-2-3　精度为0.02 mm的游标卡尺

(1)0.02 mm游标卡尺刻线原理。

如图1-2-4所示。主尺每小格为1 mm，当两量爪合并时，主尺上的49 mm正好对准游标上的50格，则游标每格为49/50=0.98 mm，主尺与游标每格相差1-0.98=0.02 mm。

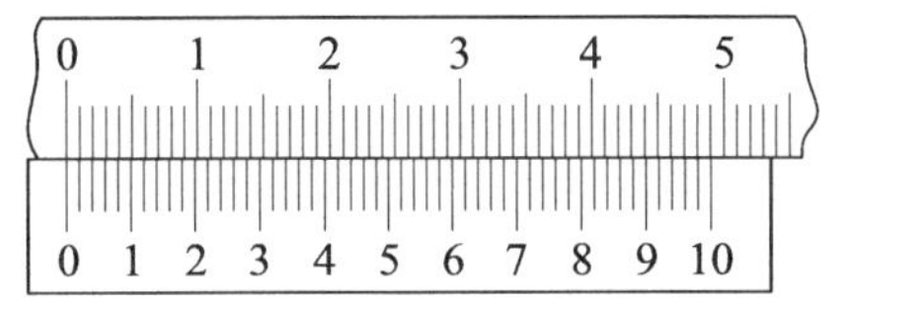

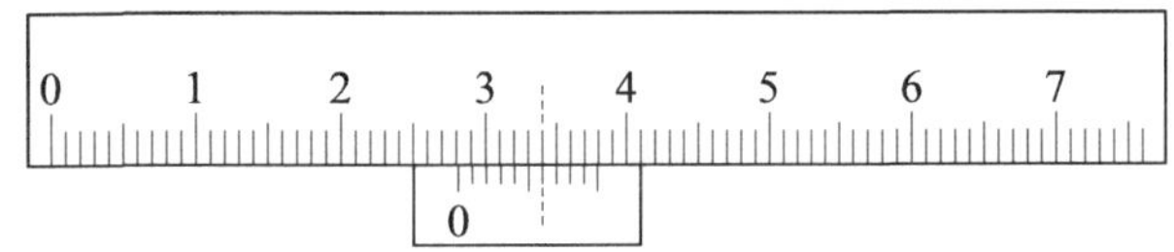

图1-2-4　游标卡尺刻线原理

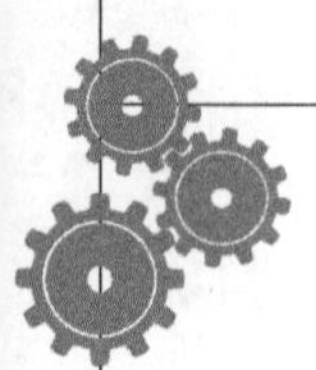

（2）游标卡尺的读数方法分为三步。

①查出游标零线前主尺上的整数；

②在游标上查出与主尺刻线对齐的那一条刻线；

③将主尺上的整数和游标上的小数相加：

工件尺寸 = 主尺整数 + 游标格数 × 卡尺精度。

（3）使用注意事项。

使用游标卡尺前，首先应检查主尺与游标的零线是否对齐，并采用透光法检查内、外尺角量面是否贴合，如果透光不均，说明卡脚量面有磨损，这样的游标卡尺不能测量出精确的尺寸。

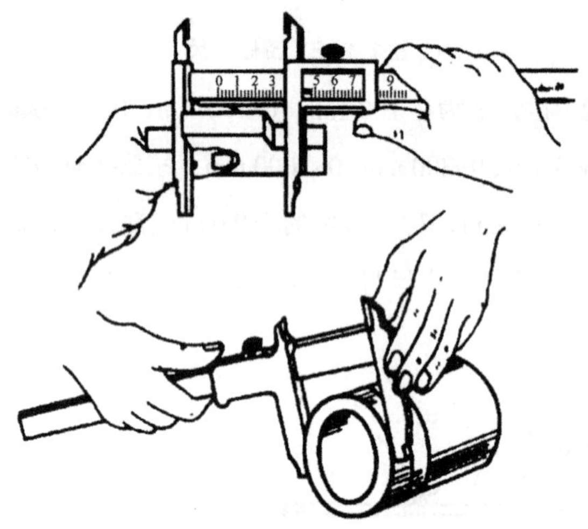

图1-2-5　外径测量方法

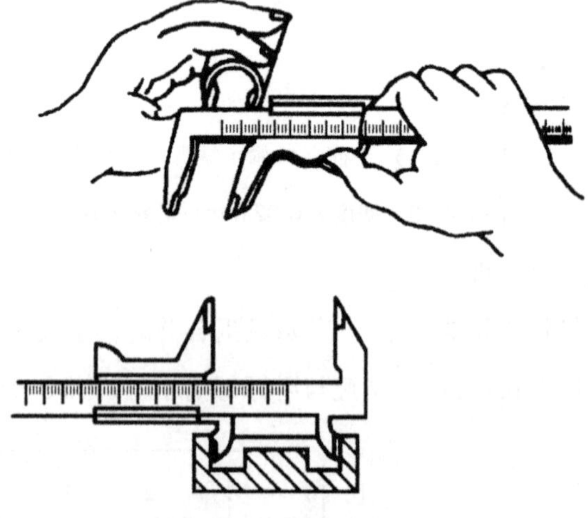

图1-2-6　内径测量方法

2.游标万能角度尺。

游标万能角度尺可以测量零件和样板等的内外角度，测量范围为0°~320°，标准分度值值有2′和5′两种。

图1-2-7　游标万能角度尺

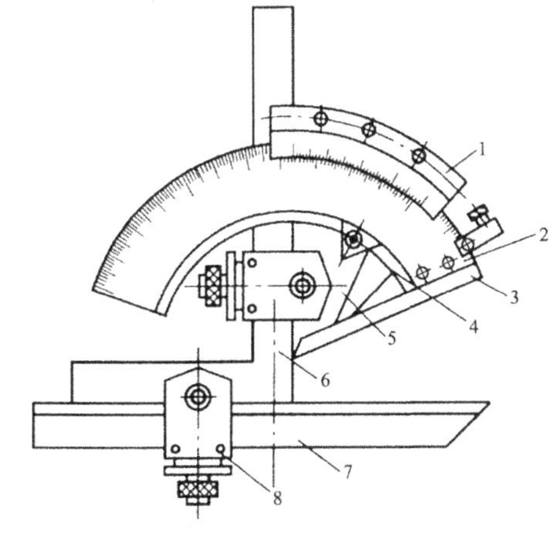

1-游标　2-扇形板　3-基尺　4-制动器
5-底板　6-角尺　7-直尺　8-夹紧块

图1-2-8　游标万能角度尺示意图

（1）测量原理。

在扇形板2上刻有间隙为1°的刻度线，共120格。游标1固定在底板5上，它可以沿扇形板转动，上面刻有30格刻度线，对应扇形板上的刻度数为29°，则游标上每格度数=29°/30=58′，扇形板与游标每格相差1°-58′=2′。夹紧块8将角尺6和直尺7固定在底板5上。

（2）读数方法。

①读出游标零线前的整度数。

②从游标上读出角度“分”的数值。

③把整度数和“分”数值相加，即为被测工件的角度数值。

（3）游标万能角度尺的使用方法。

游标万能角度尺的90°角尺和直尺可以移动和拆换，因此它可以测量0°~320°的任何角度，如图1-2-9所示。

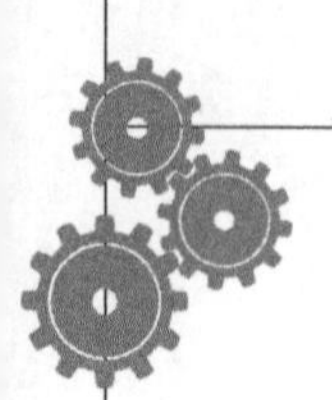

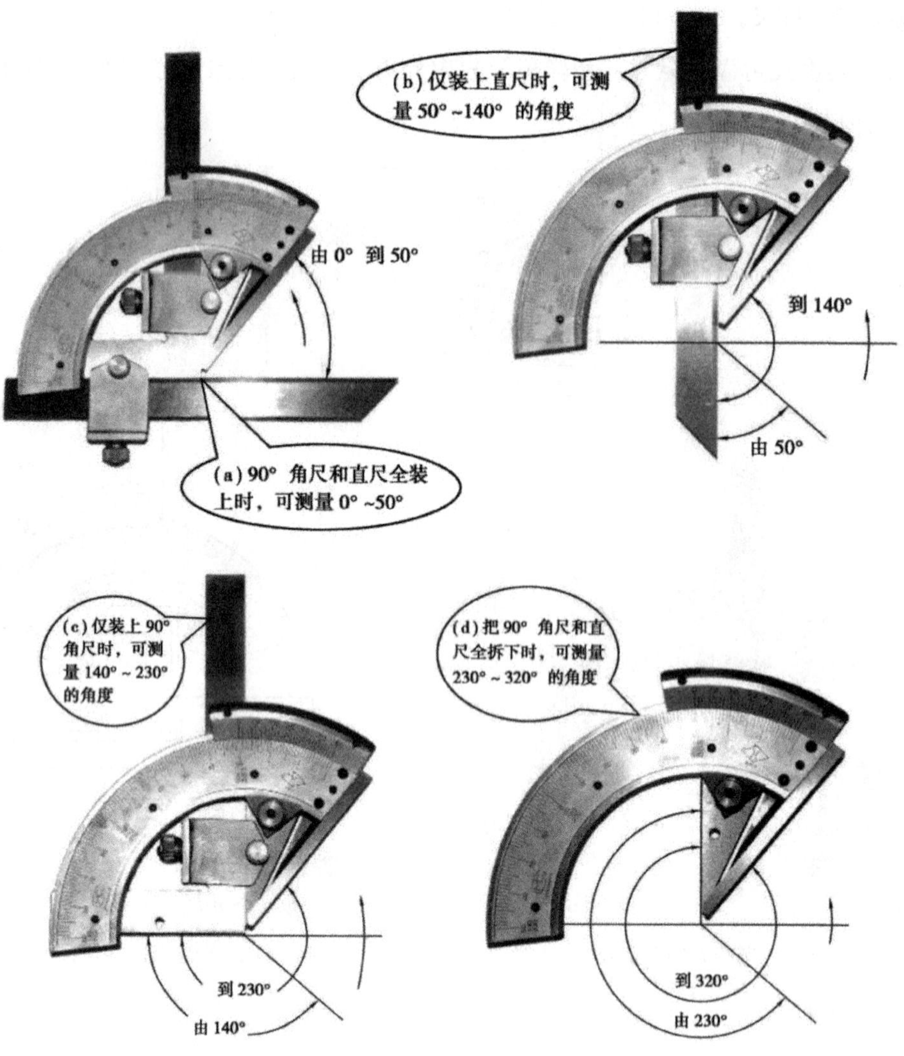

图 1–2–9 游标万能角度尺的使用

（4）游标万能角度尺的使用注意事项。

①游标万能角度尺主尺上的刻线只有0°~90°，所以，当测量大于90° 的角度时，读数应加上一个数值90°，大于180° 应加上180°，大于270° 应加上270° 。

②使用完毕后，要及时将各处清理干净，涂油后存放在专用包装盒中，要保持干燥，以免生锈。

3. 螺纹环规与塞规介绍。

螺纹环规通常分为通端螺纹环规和止端螺纹环规，其用法是在检测螺纹工件时，通端螺纹环规应顺利地旋入螺纹工件，而止端螺纹环规应旋入螺纹工件不过两扣，也就是不到两个螺距，则判为该螺纹工件合格。螺纹塞规模拟被测螺纹的最大实体牙型，检验被测螺纹的作用中径是否超过其最大实体牙型的中径，并同时检验底径实际尺寸是否超过其最大实体尺寸。

图1-2-10　螺纹环规

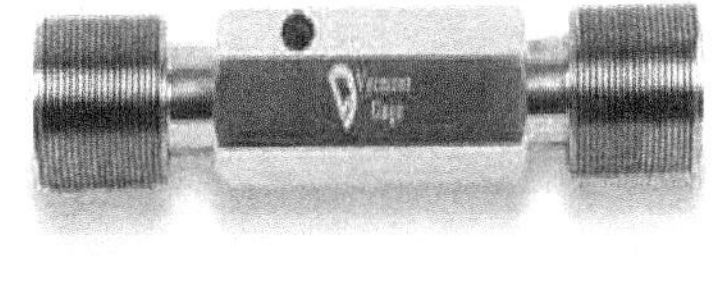

图1-2-11　螺纹塞规

（1）检测基准及作用释义。

普通螺纹是多参数要素，有两类检测方法：综合检验和单项检验。综合检验就是用量规对影响螺纹互换性的几何参数偏差的综合结果进行检验。其中包括：使用普通螺纹量规和止规分别对被测螺纹的作用中径（含底径）和单一中径进行检验；使用光滑极限量规对被测螺纹的实际顶径进行检验。

内螺纹通端塞规：控制工件内螺纹作用中径和大径的最大实体尺寸。

内螺纹止端塞规：控制工件内螺纹单一中径的最小实体尺寸。

外螺纹通端环规：控制工件外螺纹作用中径和小径的最大实体尺寸。

外螺纹止端环规：控制工件外螺纹单一中径的最小实体尺寸。

（2）检测接收准则。

螺纹校对规通常分为TS校对规和ZS校对规。其功用是对在用的螺纹环规进行校对，TS校对规校对通端螺纹环规不过两扣，判为合格；ZS校对规校对止端螺纹环规不过两扣，也判定为合格。因为，用螺纹校对规校对通端螺纹环规和止端螺纹环规实际上是控制了螺纹环规的作用中径，其半角、螺距和实际中径等是不考虑的。一旦螺纹的作用中径超差，则螺纹环规就应判为不合格，即使其余技术指标合格也已经无意义了。由此可见，在判别螺纹环规的实际工作中，只要控制好螺纹的作用中经，就可以判别其合格与否。当然，我们在工作中要注意螺纹校对规本身是否合格，方筒螺纹校对规的合格与否可以用三针和杠杆千分尺加以检定。

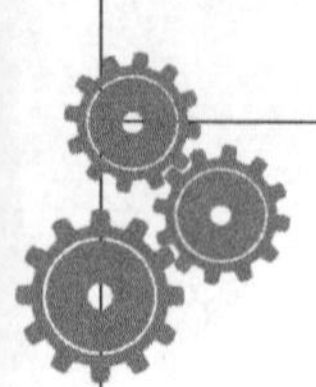

零件质量检测报告单

班级				姓名			学号		
测量零件图									
测量结果（毫米）									
零件名称	六角螺母		检测件数			允许读数误差		±0.003 mm	
序号	项目	尺寸要求	使用的量具	测量结果					项目判定
				No.1	No.2	No.3	No.4	No.5	
1	A	M16×2-6H							合 否
2	B	$24^{0}_{-0.7}$							合 否
3	C	$14.8^{0.2}_{-0.3}$							合 否
4	D	120°±20′							合 否
5	E	60°							合 否
6	F	M16×2							合 否
结论	合格品			次品			废品		
处理意见									

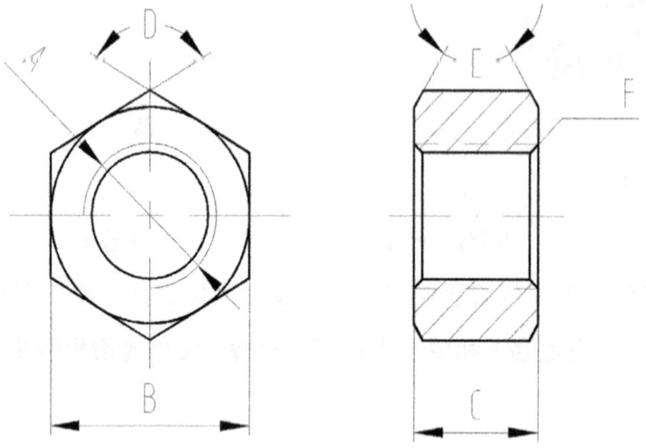

班级:______ 姓名:______ 学号:______

【总结与反思】

1.总结在测量任务实施过程中存在的问题，并分析原因。

2.阐述在测量过程中如何使测量结果更加精确。

岗位一 零部件测量与检验

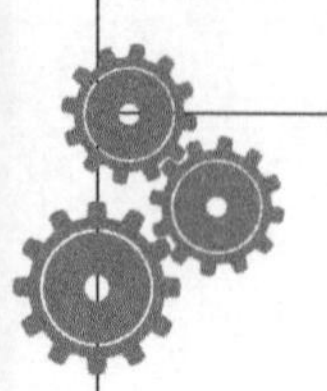

工作任务三　测量锤头

【任务描述】

本任务使用钳工常用量具对给定的锤头零件进行测量，根据任务单测量具体尺寸，将测量尺寸填入对应位置，并判断尺寸是否合格。

【学习目标】

>> 知识目标 <<

1. 钳工常用量具的用法。
2. 钳工常用量具的读数方法。
3. 测量数据合格的判定方法。

>> 技能目标 <<

1. 能够正确使用量具完成具体尺寸的测量。
2. 能够正确处理和分析测量数据。
3. 能够根据给定的数据分析测量结果并判定零件是否合格。

>> 思政育人目标 <<

各种量具是保证零件加工精度的关键，重点培养学生在零件测量的过程中，体验并实践精益求精的工匠精神。

【建议预习内容】

钳工常用量具技能模块。

【思政小课堂】

请浏览央视网，观看“砺剑”——周建民：为武器丈量精度。

班级:______________　　姓名:______________　　学号:______________

【引导问题】

1. 常用千分尺的量程范围有哪些?

2. 外径千分尺的组成部分有哪些?

3. 简述外径千分尺的读数原理。

4. 按误差的性质测量误差可分为哪三种?

【拓展问题】

视频“周建民：为武器丈量精度”中，“周氏精度”可以达到多少?

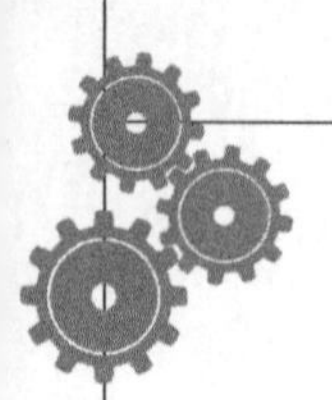

【任务内容】

完成六角螺母的测量任务，并填写任务单。

一、任务描述

测量零件为锤头，如图1-3-1，须通过给定通用量具，完成检测报告单中的所有尺寸的测量，并填写报告单。

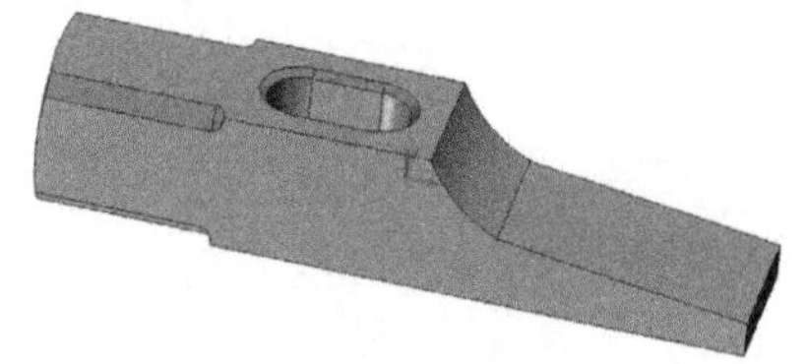

图1-3-1　锤头

二、测量时间

40分钟。

三、注意事项

1.合理选择正确的量具完成测量操作。

2.正确使用各种量具，如出现违规操作或损坏量具的将进行赔偿并扣除平时成绩。

3.注意职业道德及规范，注重培养精益求精的工匠精神和团队协作的职业精神。

【任务指导】

一、任务分析

本任务为零件测量任务，被测零件为锤头。分析其结构可知，须测量的尺寸包括线性尺寸、角度尺寸等。故需要用到游标卡尺、万能角度尺和圆弧规。

二、知识链接

千分尺是一种精密量具，其测量精度比游标卡尺高，应用广泛。千分尺按照测量范围可分为0~25 mm、25~50 mm、50~75 mm、75~100 mm等多种，分度值有0.01 mm、0.001 mm、0.002 mm等几种。千分尺的种类很多，有外径千分尺、内径千分尺、深度千分尺、螺纹千分尺、尖头千分尺和公法线千分尺等。

1.外径千分尺的结构。

外径千分尺主要用来测量工件的外径、长度、厚度等，常用分度值为0.01 mm的外径千分尺。外径千分尺由尺架、固定测砧、测微螺杆、固定套管、微分筒、测力装置、锁紧手柄等结构组成。调整锁紧手柄，转动微分筒，测微螺杆转动，同时做轴向移动，可夹紧或放松工件。转动测力装置时，测微螺杆和微分筒一起转动，如图1-3-2。

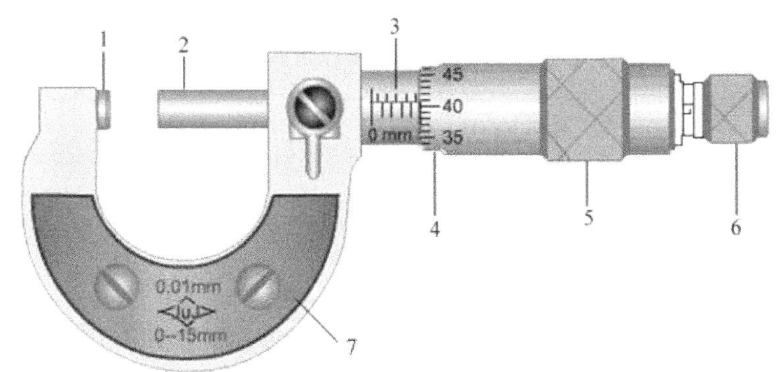

1-测砧　2-测微螺杆　3-固定套筒　4-微分筒　5-旋钮　6-微调旋钮　7-框架

图 1–3–2　外径千分尺的结构

2.外径千分尺的读数原理及方法。

用外径千分尺测量工件时，其读数方法可分三个步骤：外径千分尺与其他千分尺一样，测微螺杆螺纹的螺距为0.5 mm，与衬套上内螺纹相配合，当活动套管每转一周时，与测微螺杆一起沿轴线移动0.5 mm。活动套管左端的外锥面分为50格，所以当活动套管每转过1小格时，测微螺杆便沿轴线移动0.5 mm/50=0.01 mm，即为千分尺的读数值。

（1）读出活动套管边缘左面，固定套管上显露出的刻线数值；

（2）读出活动套管与固定套管上基准线对齐的那条刻线的数值；

（3）把以上两个读数相加。

示例：

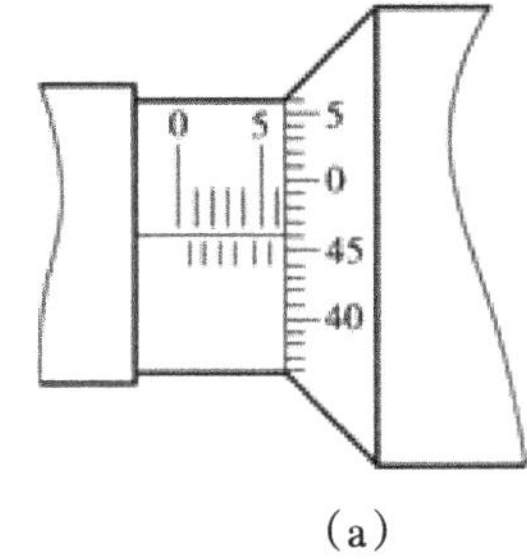

（a）

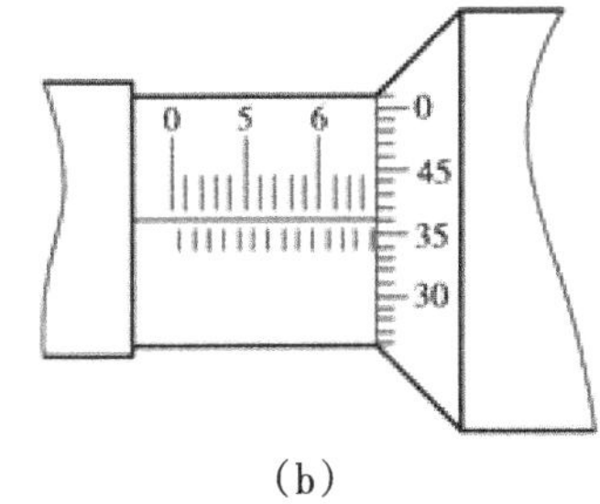

（b）

图 1–3–3

图1-3-3（a）读数为6+46 × 0.01=6.46（mm）；

图1-3-3（b）读数为9+0.5+36 × 0.01=9.86（mm）。

三、千分尺使用注意事项

1.千分尺测量面的中心线要与工件被测长度方向一致，不要歪斜；使用千分尺测量同一长度时，应反复测量几次，取平均值作为测量结果。

2.不能用千分尺测量毛坯或转动的工件。

3.测量时，转动测力装置不能用力过猛，以免影响其精度；也不能直接转动固定套管进行测量。

4.不要随意拆卸千分尺，应保持千分尺的干净、整洁。

5.千分尺不用时，应将两测量面分开，平放在专用盒内，防止受热变形或发生腐蚀。

6.不要把千分尺放置在磁场附近。

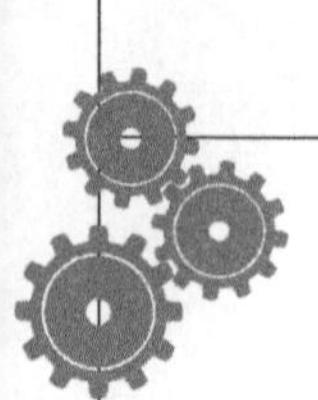

零件质量检测报告单

班级		姓名		学号	

测量零件图

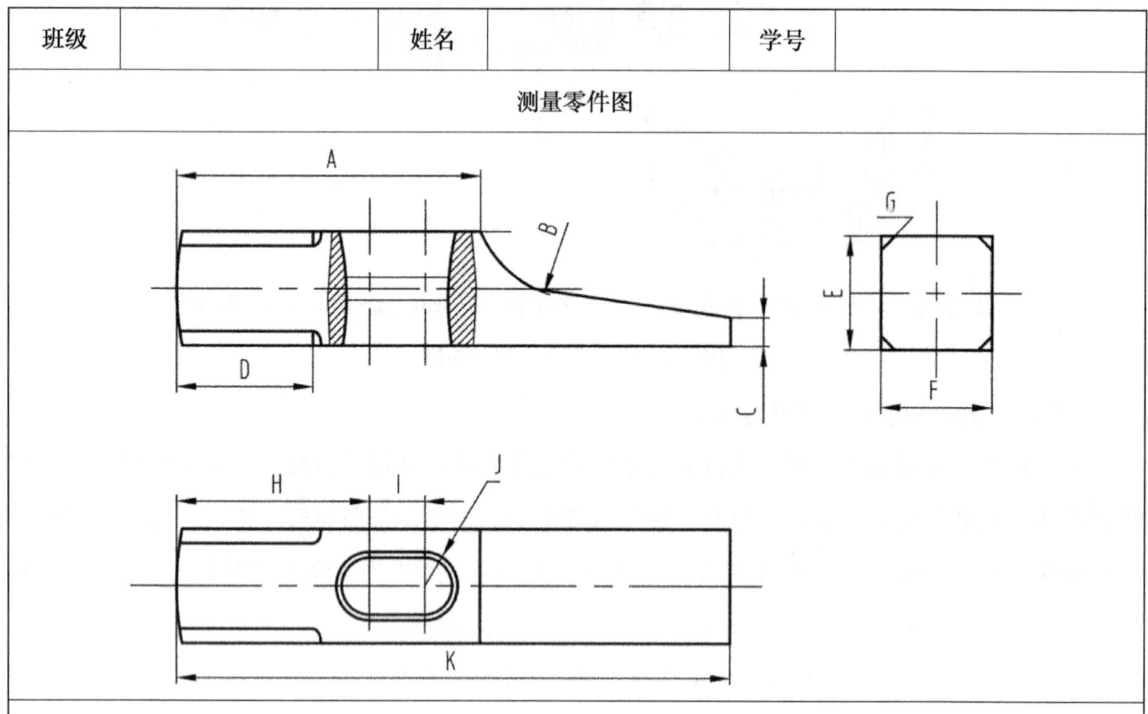

测 量 结 果（毫米）

零件名称	锤头		检测件数			允许读数误差	± 0.003 mm	
序号	项目	尺寸要求	使用的量具	测量结果				项目判定
				NO.1	NO.2	NO.3	NO.4	NO.5	
1	A	$55^{0}_{-0.5}$							合 否
2	B	$R20$							合 否
3	C	$5^{0}_{-0.3}$							合 否
4	D	$25^{0}_{-0.5}$							合 否
5	E	$20^{0}_{-0.2}$							合 否
6	F	$20^{0}_{-0.2}$							合 否
7	G	$C2.5$							合 否
8	H	$35^{0}_{-0.5}$							合 否
9	I	10 ± 0.2							合 否
10	J	$R6$							合 否
11	K	$100^{0}_{-0.5}$							合 否
结论	合格品			次品			废品		
处理意见									

班级:______ 姓名:______ 学号:______

【总结与反思】

1. 总结在测量任务实施过程中，被测工件在哪些部位最容易超差。

2. 阐述在测量过程中，如何使千分尺的读数更加精确?

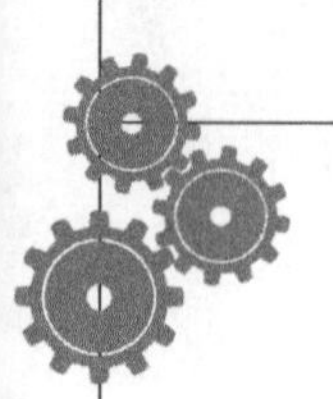

工作任务四　测量减速器

【任务描述】

本任务使用量具对减速器及其部件进行测量，以此掌握部件测绘的基本方法和步骤，根据测量结果来判断减速器装配是否达到要求。

【学习目标】

>> 学习目标 <<

1.了解减速器各个部件的名称、结构、安装位置和作用。

2.钳工常用量具的读数方法。

3.培养测量数据的收集和整理能力，判断是否符合装配要求。

>> 技能目标 <<

1.能够正确使用量具完成具体尺寸的测量。

2.能够掌握减速器的装配过程和方法。

3.能够正确读取测量数据，并通过计算验证装配的合理性。

>> 思政育人目标 <<

通过动手实践，培养学生的资料和信息的搜集、整理和分析能力，加强团队协作、讨论分析的训练，提高对工艺的认知和研究主动性。

【建议预习内容】

装配基础知识、钳工常用量具模块。

【思政小课堂】

请浏览央视网，观看2022年6月24日“人物·故事”——“天马行空”背后的中国精度·夏立。

班级:______________ 姓名:______________ 学号:______________

【引导问题】

1. 百分表一般用来测量哪些内容?

2. 百分表的组成部分有哪些?

3. 百分表的读数方法是什么?

4. 游标卡尺测量深度时应注意什么?

【拓展问题】

通过观看"'天马行空'背后的中国精度·夏立",视频中钳工技师夏立是使用什么方法将工件精度达到0.002 mm的?

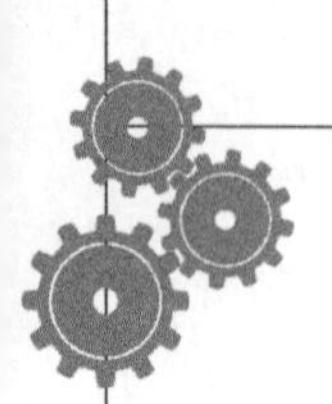

【任务内容】

完成减速器指定部位和尺寸的测量任务，并填写任务单。

一、任务描述

被测量物体为减速器，通过三维图和装配图了解减速器的结构，如图1-4-1，通过给定通用量具，完成指定位置的测量任务，并利用百分表测量指定零件的形位公差，并填写报告单。

图1-4-1

二、测量时间

60分钟。

三、注意事项

1. 合理选择正确的量具完成测量操作。

2. 正确使用各种量具，如出现违规操作或损坏量具的将进行赔偿并扣除平时成绩。

3. 注意职业道德及规范，注重培养精益求精的工匠精神和团队协作的职业精神。

【任务指导】

一、任务分析

本任务的被测量物体为减速器，通过给定通用量具，完成指定位置和指定零部件的长度、深度、直径等测量任务，利用百分表测量指定零件的形位公差，并填写报告单。

二、知识链接

1. 百分表的结构。

百分表是一种精度较高的比较量具，它只能测出相对数值，不能测出绝对数值，主要用于测量形状和位置误差，也可用于机床上安装工件时的精密找正。百分表由转数指示盘、指针、挡帽、表圈、转数指示针、表体、表盘、套筒、测量杆和测量头组成，如图1-4-2所示。

图1-4-2　百分表的结构

2. 百分表的测量原理。

如图1-4-3所示，在测量过程中，当带有齿条的测量杆上升时，带动小齿轮z_2转动，与z_2同轴的大齿轮z_3及小指针也跟着转动，而z_3又带动小齿轮z_1及其轴上的大指针偏转。游丝的作用是迫使所有齿轮做单向啮合，以消除由于齿侧间隙而引起的测量误差。弹簧是用来控制测量力的。测量杆移动1 mm，大指针正好回转一圈，小指针转一格。在百分表的表盘上沿圆周刻有100等分格，其刻度值为1/100=0.01 mm。测量时，大指针转过1格刻度，表示零件尺寸变化0.01 mm。应注意测量杆要有0.3~1 mm的预压缩量，以保持一定的初始测力，以免负偏差测不出来。

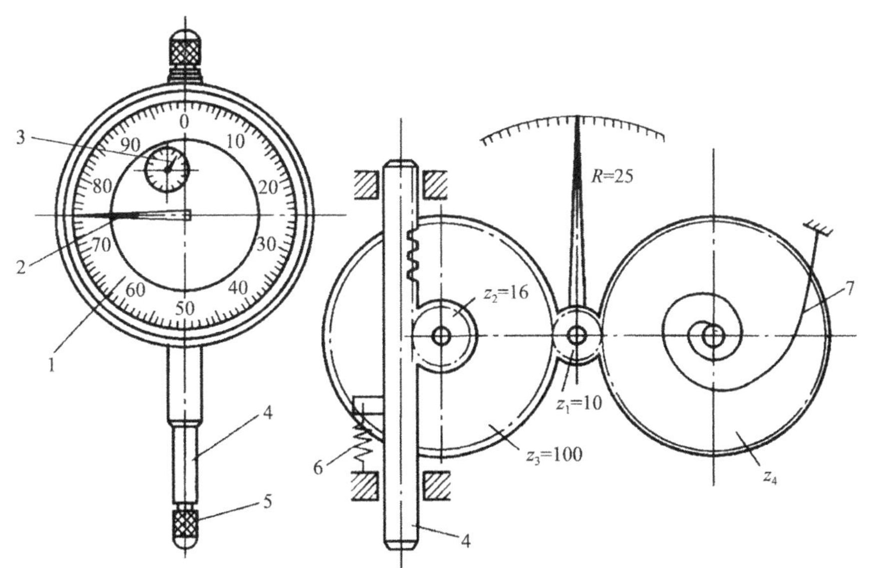

图1-4-3　百分表的传动原理

3. 百分表的用法。

百分表常装在表架上使用，如图1-4-4所示。

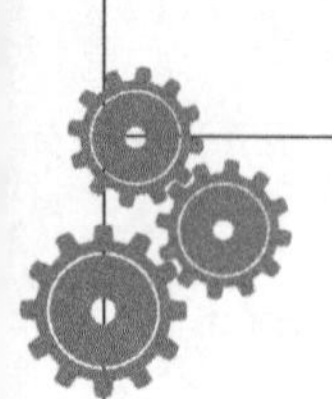

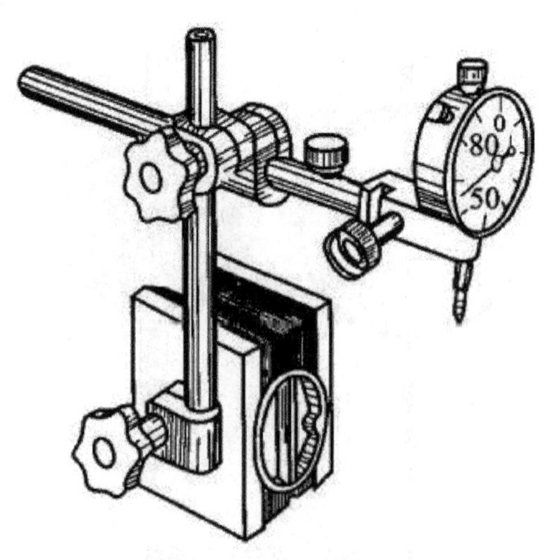

图1-4-4　百分表表架

百分表可用来精确测量零件圆度、圆跳动、平面度、平行度和直线度等形位误差，也可用来找正工件，如图1-4-5所示。

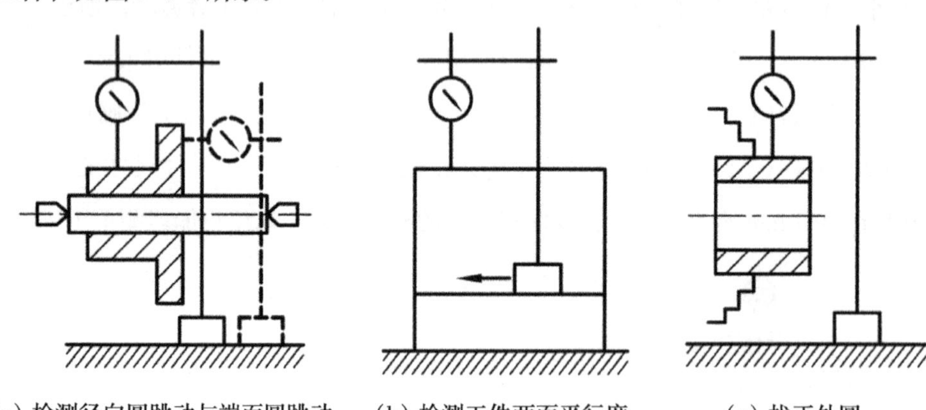

(a) 检测径向圆跳动与端面圆跳动　(b) 检测工件两面平行度　(c) 找正外圆

图1-4-5　百分表应用举例

三、使用注意事项

1.使用前，应检查测量杆活动的灵活性，即轻轻推动测量杆时，测量杆在套筒内的移动要灵活，没有任何轧卡现象，每次手松开后，指针能回到原来的刻度位置。

2.使用时，必须把百分表固定在可靠的夹持架上。切不可贪图省事，随便夹在不稳固的地方，否则容易造成测量结果不准确或摔坏百分表。

3.测量时，不要使测量杆的行程超过它的测量范围，不要使表头突然撞到工件上，也不要用百分表测量表面粗糙度或有显著凹凸不平的工作。

4.测量平面时，百分表的测量杆要与平面垂直，测量圆柱形工件时，测量杆要与工件的中心线垂直，否则，会导致测量杆活动不灵或测量结果不准确。

5.为方便读数，在测量前一般都让大指针指到刻度盘的零位。

6.百分表不用时，应使测量杆处于自由状态，以免使表内弹簧失效。

零件尺寸检测报告单

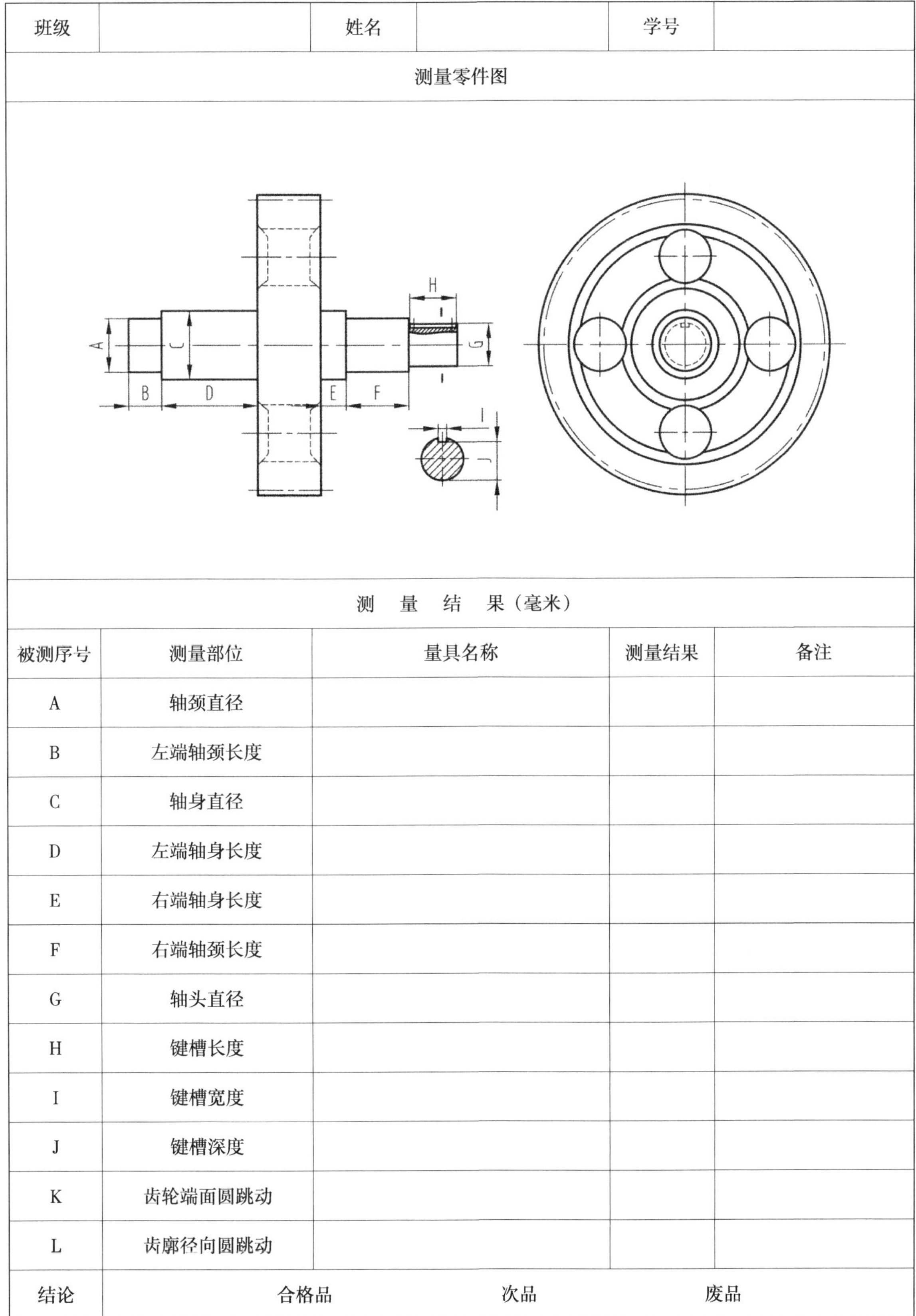

班级		姓名		学号
测量零件图				
测　量　结　果（毫米）				
被测序号	测量部位	量具名称	测量结果	备注
A	轴颈直径			
B	左端轴颈长度			
C	轴身直径			
D	左端轴身长度			
E	右端轴身长度			
F	右端轴颈长度			
G	轴头直径			
H	键槽长度			
I	键槽宽度			
J	键槽深度			
K	齿轮端面圆跳动			
L	齿廓径向圆跳动			
结论	合格品	次品	废品	

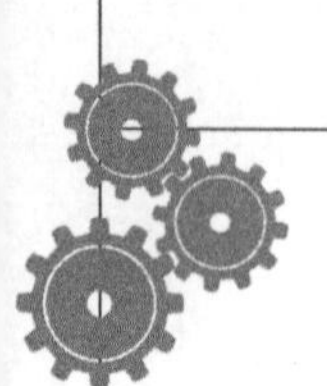

装配尺寸检测报告单

班级		姓名		学号	

测量零件图

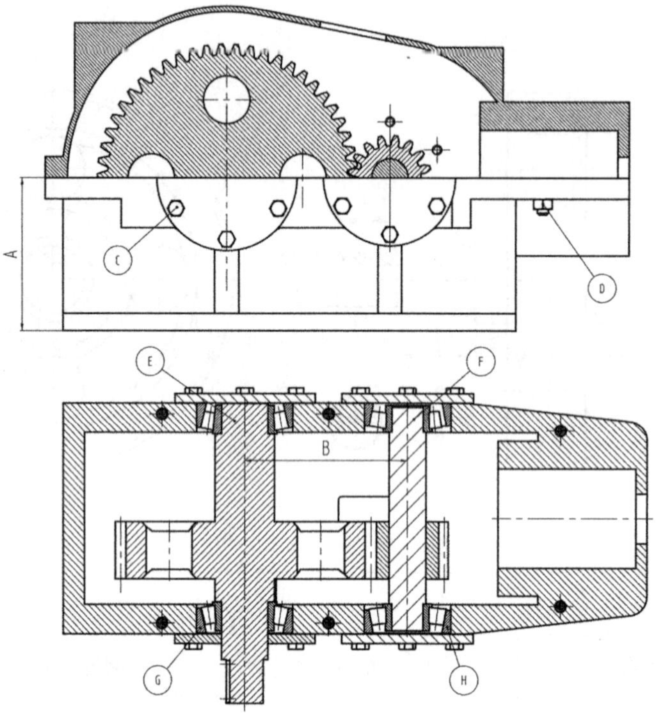

测 量 结 果（毫米）

被测序号	测量部位	量具名称	测量结果	备注
A	从动轴与箱体装配面间距离			
B	主、从动轴间距			
C	端盖螺钉代号			
D	上、下壳体连接螺栓代号			
E	从动轴轴颈与轴承配合性质			
F	主动轴轴颈与轴承配合性质			
G	主动轴轴承代号			
H	从动轴轴承代号			
I	主、从动轴平行度误差			
J	主、从动齿轮齿侧间隙			
结论	合格品	次品	废品	

班级:______________ 姓名:______________ 学号:______________

【总结与反思】

1. 总结在减速器测量任务实施过程中，传动轴齿轮跳动超差对减速器工作带来的影响。

2. 阐述在测量过程中，轴间距超差，对于齿轮传动造成的影响。

岗位二　钳工划线

工作任务一　五角星划线

【任务描述】

本任务使用钳工常用划线工具，根据给定的图纸完成划线任务，要求划线步骤正确，线条准确、清晰、均匀。

【学习目标】

>> 知识目标 <<

1.掌握钳工常用划线工具的特点及用法。

2.掌握划线基准的选择方法。

3.掌握钳工划线的基本步骤。

4.掌握借料划线和找正划线的一般方法。

>> 技能目标 <<

1.能够正确使用划线工具完成各种线条的绘制。

2.画出的线条准确、清晰、均匀。

3.能够实现规范操作，具有安全操作意识。

>> 思政育人目标 <<

划线是保证加工效率和加工精度的关键。需要学生不断地练习并总结经验，需要培养学生吃苦耐劳的劳模精神和精益求精的工匠精神。

【建议预习内容】

钳工划线技能模块。

【思政小课堂】

请浏览央视网，观看2021年8月19日的“道德观察(日播版)”——一个90后的钳工梦。

班级:______________ 姓名:______________ 学号:______________

【引导问题】

1.划线的作用是什么?

2.划线操作的要求是什么?

3.按照用途分类划线工具可以分为哪些类型?

4.在划完的线条上冲眼有什么作用?什么情况下不能冲眼?为什么?

5.划线的基本步骤是什么?

【拓展问题】

通过观看“一个90后的钳工梦”,沈阳造币有限公司的90后钳工张文良最后做出的零件呈现出什么字?这个字意味着什么?

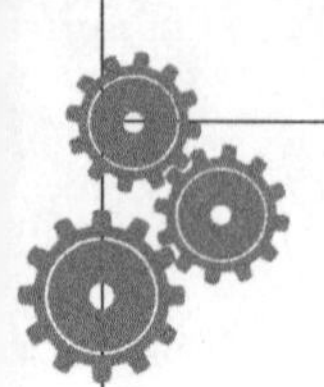

【任务内容】

根据图纸，在给定的毛坯表面，正确使用划线工具画出五角星加工轮廓线。限时20分钟。

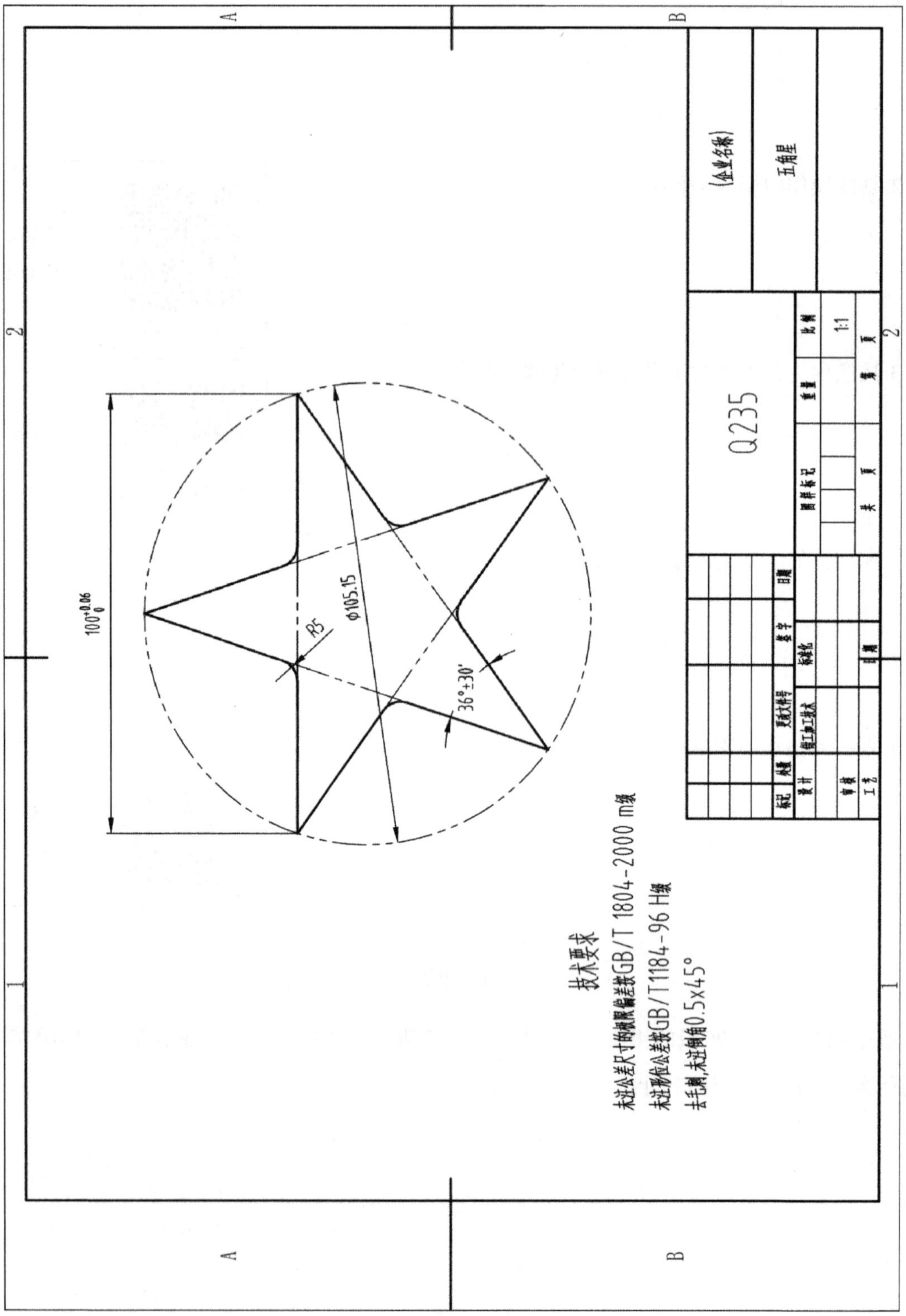

$100^{+0.06}_{0}$

φ105.15

R5

36°±30′

技术要求

未注公差尺寸的极限偏差按GB/T 1804-2000 m级

未注形位公差按GB/T1184-96 H级

去毛刺，未注倒角0.5x45°

(企业名称)

五角星

Q235

1:1

【任务指导】

一、任务分析

本任务为五角星划线，线条包括直线、圆弧等，故需要用到的划线工具包括划线平板、V形铁、划线盘、划针、划规、样冲、榔头、直角尺。

二、检查毛坯

1. 毛坯为钢板，尺寸为110 mm × 110 mm × 6 mm，材料为45#。

2. 检查毛坯表面是否有铸造形成的气孔、缩松等缺陷。

3. 检查毛坯是否有变形、裂纹等缺陷。

三、处理毛坯

1. 去除表面飞边及毛刺等。

2. 清理表面氧化皮、油污、铁屑及灰尘。

四、划线

1. 找板料中心。

使用钢直尺，量取板料中心，在中心冲眼。

2. 划中心线。

（1）涂色，表面均匀涂抹红丹粉溶剂，便于划出清晰的线条。

（2）过中心冲眼，绘制相互垂直的中心线。

①如图2-1-1，使板料长度方向基准面贴合划线平台，利用V形铁顶住板料，使用划线盘过中心冲眼，划出水平中心线。

②利用直角尺，过中心冲眼，绘制与水平中心线相互垂直的竖直中心线。

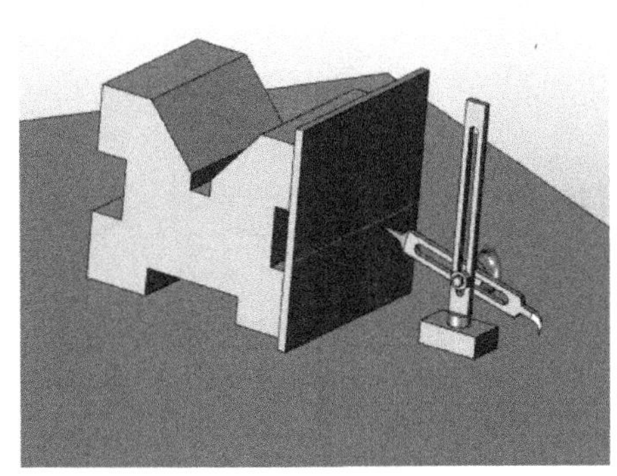

图2-1-1　划两条中心线并在中心冲眼

3. 五等分圆。

（1）如图2-1-2所示，使用划规以中心冲眼为圆心，直径为105.15 mm划圆。

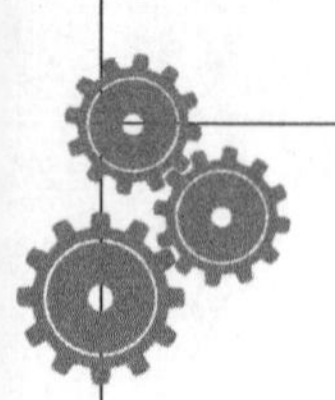

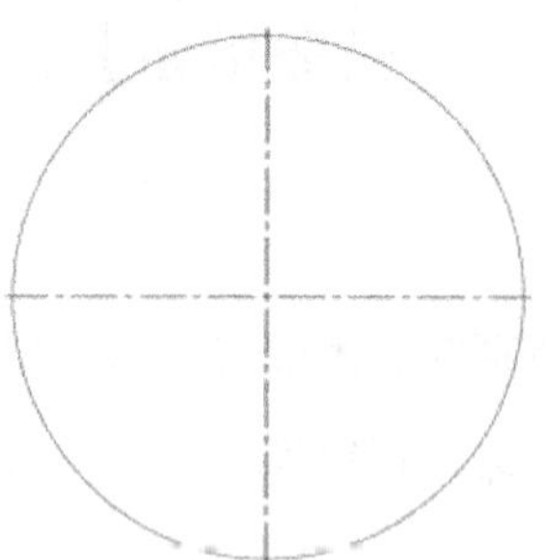

图2-1-2　划圆

（2）如图2-1-3所示，使用样冲在点1处冲眼，使用划规分别以点1、点2为圆心，以30 mm为半径划弧线交于点3和点4，连接点3和点4。

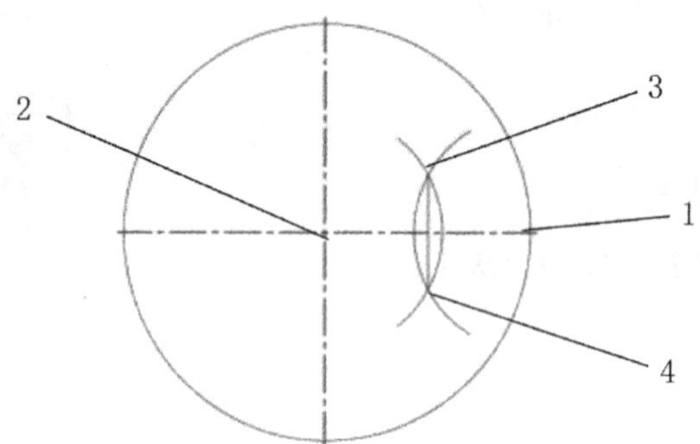

图2-1-3　等分线段

（3)如图2-1-4所示，使用样冲在点1处冲眼，使用划规以点1为圆心，点1到点2的距离为半径划弧线交水平中心线于点3，使用样冲在点2处冲眼，以点2到点3的距离为半径将圆五等分，使用样冲分别在点4、点5、点6、点7处冲眼。

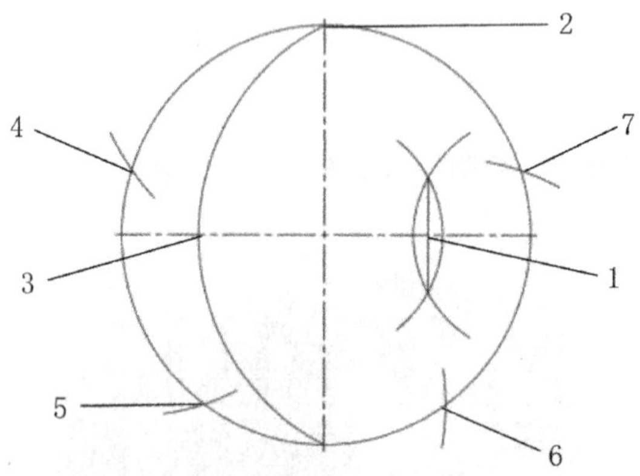

图2-1-4　五等分圆

3.划五角星。

如图2-1-5所示，使用划针和钢直尺依次连接点1、点2、点3、点4、点5。

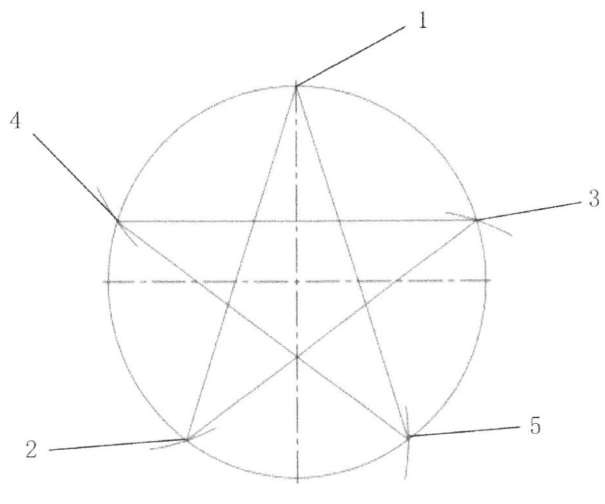

图2-1-5　划五角星

4.倒圆。

如图2-1-6所示，使用划针和钢直尺划出距离直线*AB*5 mm的直线*EF*，划出距离直线*CD*5 mm的直线*GH*，使用样冲在点*O*处冲眼，以直线*EF*和直线*GH*交点*O*为圆心，半径为5 mm划弧线交直线*AB*和直线*GH*；同理，划出交点1、交点2、交点3、交点4的倒圆。

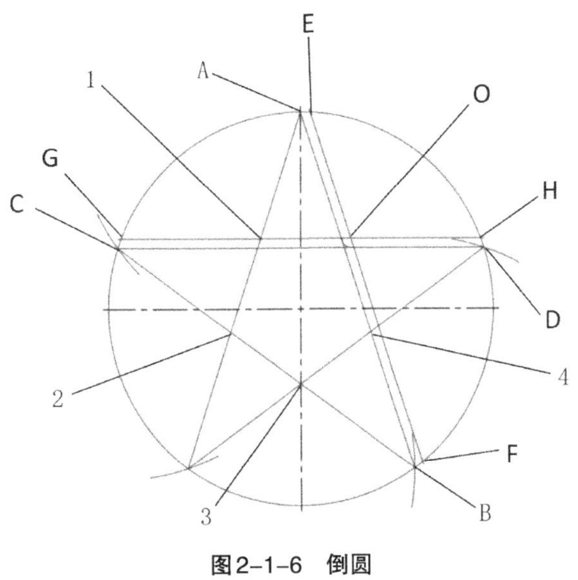

图2-1-6　倒圆

五、检查、冲眼

检查所有线条，如有漏划的线条需要补划，错划的线条需要修正。若所有线条准确无误，则使用样冲在线条上冲眼。有了冲眼，若加工过程中线条被擦去，则可利用冲眼找回擦去的线条。

岗位二　钳工划线

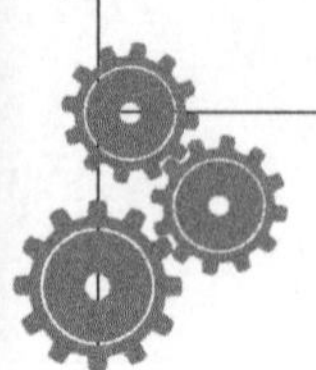

班级:______ 姓名:______ 学号:______

【任务实施】

根据划线基本步骤结合图纸，将划线步骤补充完整。

一、时间

30分钟。

二、坯料准备

1.钢板，尺寸为110 mm × 110 mm × 6 mm，材料为45#。

2.坯料的检查与处理:

______

______

______

三、工具准备

1.设备:______

2.量具:______

3.划线工具:______

四、划线

1.涂色:______

2.确定划线基准:______

______

3.划线工作:______

______

______

______

______

4.检查线条及冲眼:______

______

五、注意事项

1.合理选择正确的划线工具进行测量操作。

2.正确使用各种划线工具，如出现违规操作或损坏工、量具的需进行赔偿并扣除平时成绩。

3.注意职业道德及规范，注重培养精益求精的工匠精神和团队协作的职业精神。

五角星划线任务评分表

班级:______________　　姓名:______________　　学号:______________

内容	序号	考核要求	配分	评分标准	自评	得分
五角星	1	线条清晰、均匀	20	每一条线不合格扣5分		
	2	$100_{0}^{0.06}$（5处）	30	每处尺寸偏差超过0.3 mm扣6分		
	3	36°±30′（5处）	30	每处尺寸偏差超过30′扣6分		
	4	*R*5（5处）	10	圆心位置准确，各圆角大小均匀，每个不合格圆角扣2分		
其他	5	安全文明实训	10	违者视情节轻重扣1~10分		
总分						

评分人:　　　　日期:

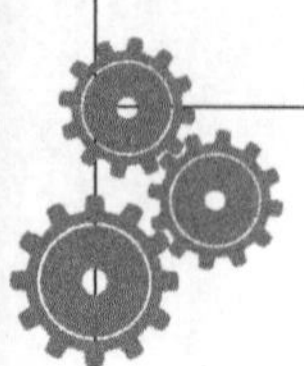

班级:______________ 姓名:______________ 学号:______________

【总结与反思】

1. 请分析你在此次任务中的工艺改进和技术优化。

2. 分析此次任务中的失误，并针对失误提出解决方法。

工作任务二 爱心划线

【任务描述】

本任务使用钳工常用划线工具，根据给定的图纸完成划线任务，要求划线步骤正确，线条准确、清晰、均匀。

【学习目标】

>> 知识目标 <<

1. 了解钳工常用划线工具的特点及用法。
2. 明确划线基准的作用。
3. 掌握钳工划线的基本步骤。
4. 掌握平面划线和立体划线的方法。

>> 技能目标 <<

1. 能够正确选择划线基准。
2. 画出的线条准确、清晰、均匀。
3. 能够掌握各种划线工具的用法及注意事项。

>> 思政育人目标 <<

爱心即爱国之心，引导学生具有荣誉感、责任心和忠诚度，对新知识的渴望、追求，让每位实训生从一开始就有成为工匠能人的梦想。

【建议预习内容】

钳工划线技能模块。

【思政小课堂】

请浏览央视网，观看“新闻直播间”——第二届全国技能大赛 张旭：勤于思考 精益求精。

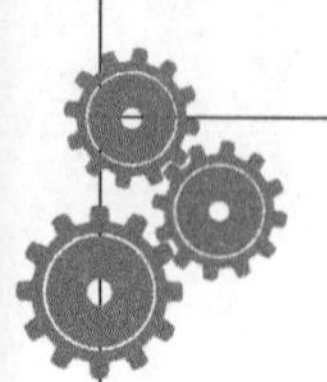

班级:________ 姓名:________ 学号:________

【引导问题】

1.什么是划线基准?

2.什么是设计基准?

3.借料划线一般按怎样的过程进行?

4.划线前工件的准备工作有哪些?

5.平面划线和立体划线分别要选择几条划线基准?

【拓展问题】

通过观看“第二届全国技能大赛 张旭：勤于思考 精益求精”，张旭在第二届全国技能大赛参加的是什么赛项?

【任务内容】

根据图纸，在给定的毛坯表面，正确使用划线工具画出爱心加工轮廓线，限时20分钟。

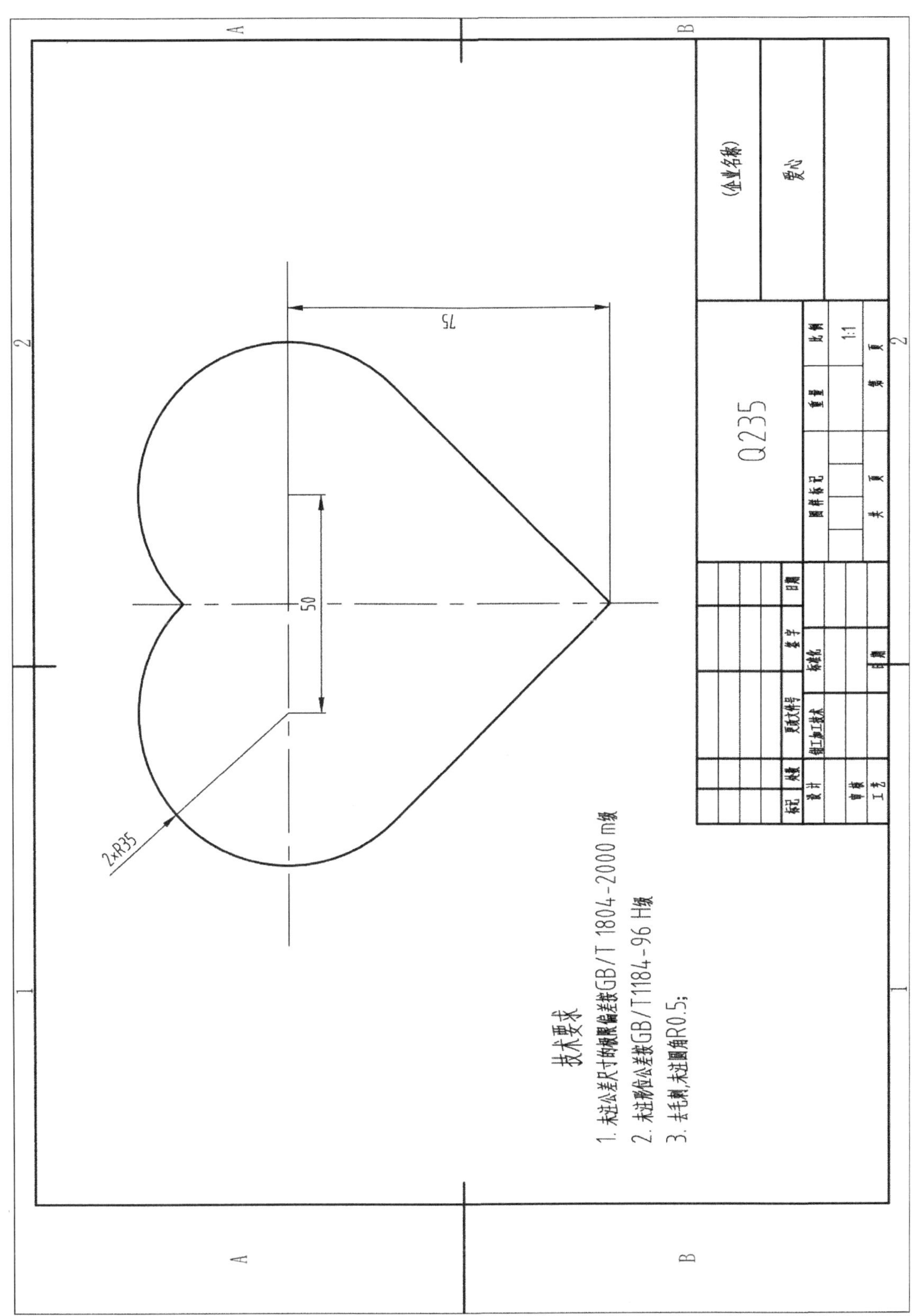

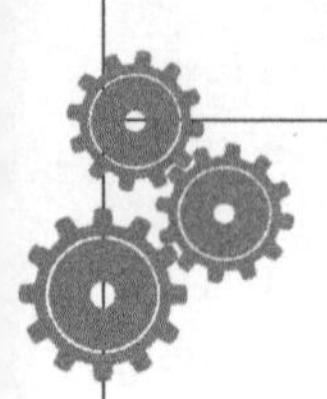

【任务指导】

一、任务分析

本任务为爱心划线，线条包括直线、圆弧等，故需要用到的划线工具包括划线平板、V形铁、划线盘、划针、划规、样冲、榔头、直角尺等。

二、检查毛坯

1. 毛坯为钢板，尺寸为130 mm × 130 mm × 6 mm，材料为45#。

2. 检查毛坯表面是否有铸造形成的气孔、缩松等缺陷。

3. 检查毛坯是否有变形、裂纹等缺陷。

实操
锉削的基本知识

三、处理毛坯

1. 去除表面飞边及毛刺等。

2. 清理表面氧化皮、油污、铁屑及灰尘。

四、划线

1. 加工基准面。

使用锉刀锉削板料的左端竖直面和底部水平面，使用直角尺测量使其达到作为高度方向和长度方向的划线基准的要求。

2. 划中心线。

（1）涂色。表面均匀涂抹红丹粉溶剂，便于划出清晰的线条。

（2）如图2-2-1所示，在划线平台上划两条中心线。

①使板料长度方向基准面贴合划线平台，利用V形铁顶住板料，使用划线盘定高65 mm划出水平中心线；

②90° 翻转板料，使板料高度方向基准面贴合划线平台，利用V形铁顶住板料，使用划线盘定高65 mm划出竖直中心线；

③使用样冲在两条中心线交点上冲眼，确定中心点。

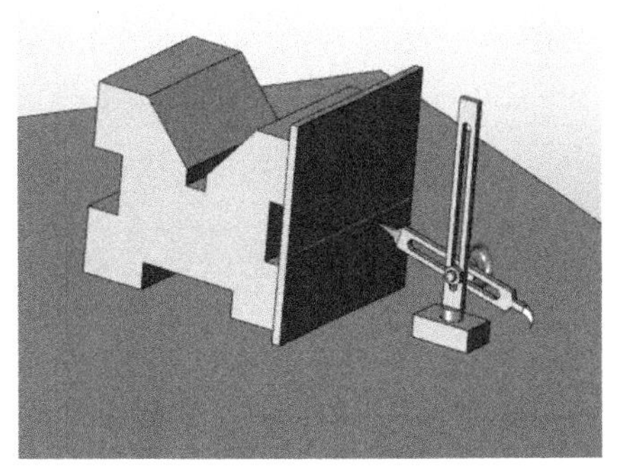

图2-2-1　划两条中心线并在中心冲眼

3.划爱心。

(1) 如图2-2-2所示，使用划规以中心点为圆心，半径为25 mm划圆弧交水平中心线于点1和点2，使用样冲于点1和点2处冲眼。

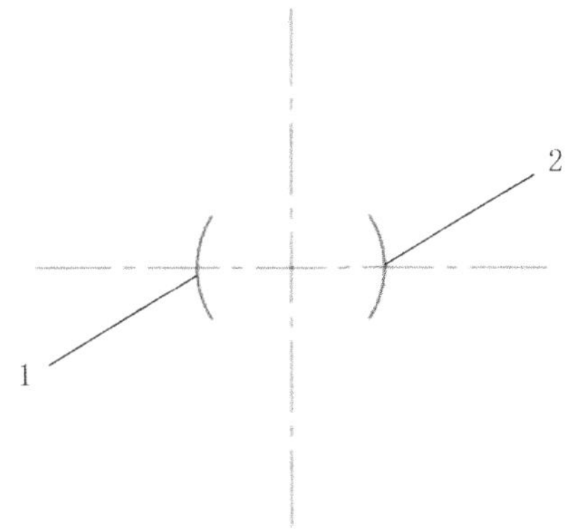

图2-2-2　划圆弧

(2)如图2-2-3所示，使用划规以中心点为圆心，半径为75 mm划圆弧交竖直中心线于点3，使用样冲于点3处冲眼。

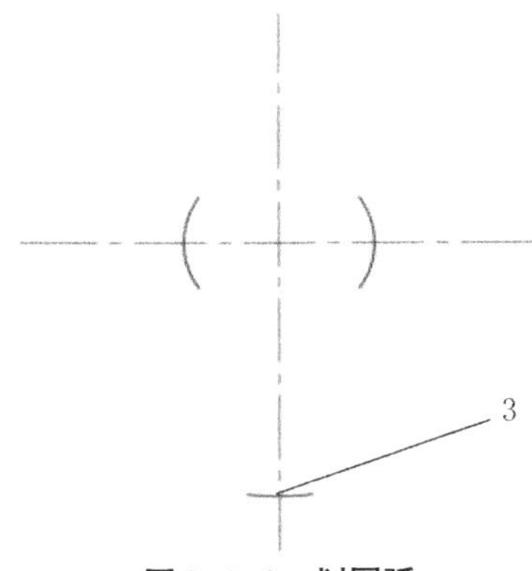

图2-2-3　划圆弧

(3)如图2-2-4所示，使用划规分别以点1和点2为圆心，半径为35 mm划圆交于竖直中心线。

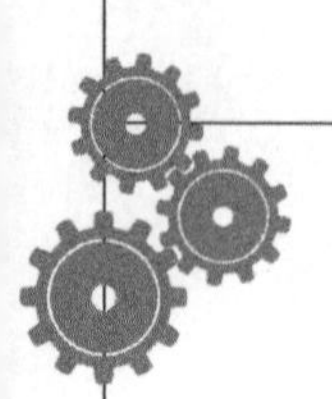

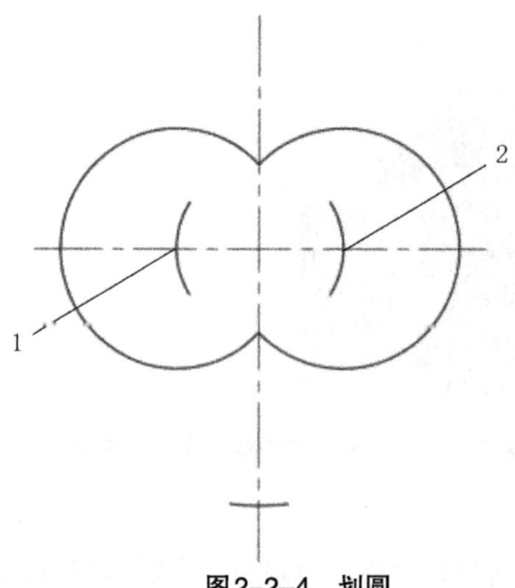

图2-2-4　划圆

（4）如图2-2-5所示，使用划针和钢直尺过点3作圆1和圆2的切线。

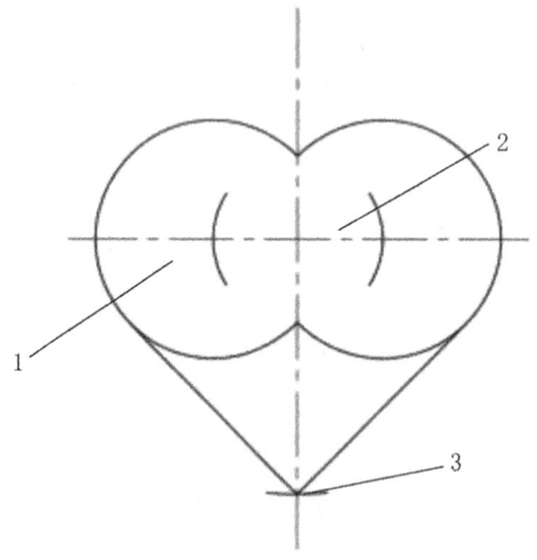

图2-2-5　爱心

五、检查、冲眼

检查所有线条，如有漏划的线条需要补划，错划的线条需要修正。若所有线条准确无误，则使用样冲在线条上冲眼。有了冲眼，若加工过程中线条被擦去，则可利用冲眼找回擦去的线条。

班级:______________　　姓名:______________　　学号:______________

【任务实施】

根据划线基本步骤结合图纸，将划线步骤补充完整。

一、时间

30分钟。

二、坯料准备

1.钢板，尺寸为130 mm × 130 mm × 6 mm，材料为45#。

2.坯料的检查与处理:

____

____

____

三、工具准备

1.设备:______________________________________

2.量具:______________________________________

3.划线工具:__________________________________

四、划线

1.涂色:______________________________________

2.确定划线基准:______________________________

____

3.划线工作:__________________________________

____

____

____

4.检查线条及冲眼:____________________________

____

五、注意事项

1.合理选择正确的量具完成测量操作。

2.正确使用各种划线工具，如出现违规操作或损坏工、量具的需进行赔偿并扣除平时成绩。

3.注意职业道德及规范，注重培养精益求精的工匠精神和团队协作的职业精神。

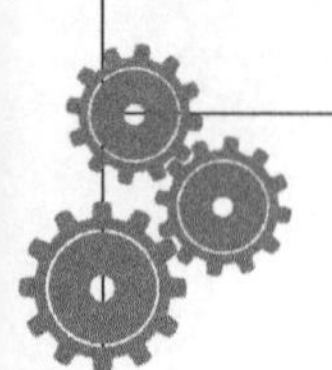

爱心划线任务评分表

班级:______________ 姓名:______________ 学号:______________

内容	序号	考核要求	配分	评分标准	自评	得分
爱心	1	线条清晰、均匀	20	每一条线不合格扣5分		
	2	圆心位置确定（2处）	30	每处尺寸偏差超过0.3 mm扣6分		
	3	直线与圆相切（2处）	30	每处尺寸偏差超过0.3 mm扣6分		
	4	*R*35（2处）	10	圆心位置准确，各圆大小均匀，每个不合格圆扣2分		
其他	5	安全文明实训	10	违者视情节轻重扣1 ~ 10分		
总分						

评分人: 日期:

班级:______________　　姓名:______________　　学号:______________

【总结与反思】

1.请分析你在此次任务中的工艺改进和技术优化。

____

____

____

____

____

____

____

____

____

____

2.分析此次任务中的失误，并针对失误提出解决方法。

____

____

____

____

____

____

____

____

____

____

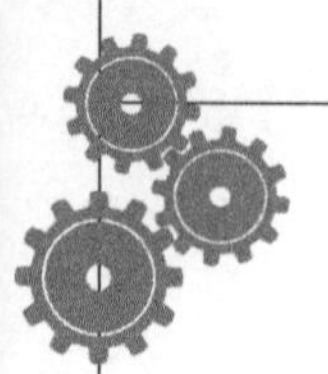

工作任务三 “匠”字划线

【任务描述】

本任务使用钳工常用划线工具，根据给定的图纸完成划线任务，要求划线步骤正确，线条准确、清晰、均匀。

【学习目标】

>> 知识目标 <<

1. 了解钳工常用划线工具的特点及用法。
2. 明确划线基准的作用。
3. 掌握钳工划线的基本步骤。
4. 掌握曲线划线的方法。

>> 技能目标 <<

1. 能够正确选择划线基准。
2. 划出的线条准确、清晰、均匀。
3. 能够掌握各种划线工具的用法及注意事项。

>> 思政育人目标 <<

很多人认为工匠是一种机械重复的工作者，其实工匠有着更深远的意思。他代表着一个时代的气质，坚定、踏实、精益求精。工匠不一定都能成为企业家。但大多数成功企业家身上都有这种工匠精神，是一种指引你走向成功的工作态度。

【建议预习内容】

钳工划线技能模块。

【思政小课堂】

请浏览央视网，观看“青春匠心”。

班级:____________　　姓名:____________　　学号:____________

【引导问题】

1.找正的作用是什么?

2.找正的依据是什么?

3.划线的要求是什么?

4.划线前为什么要在工件孔中装中心塞块?

5.开始划线时，绘划线条的顺序是什么?

【拓展问题】

通过观看“青春匠心”，视频中的许英斌参加了第二届全国技能大赛的什么赛项?他取得了什么成绩?

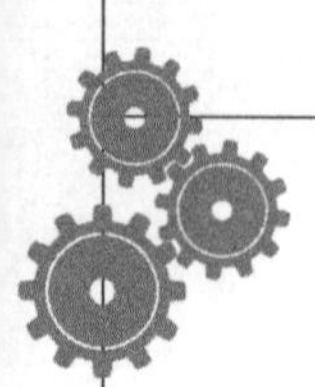

【任务内容】

根据图纸，在给定的毛坯表面，正确使用划线工具划出“匠”字加工轮廓线，限时40分钟。

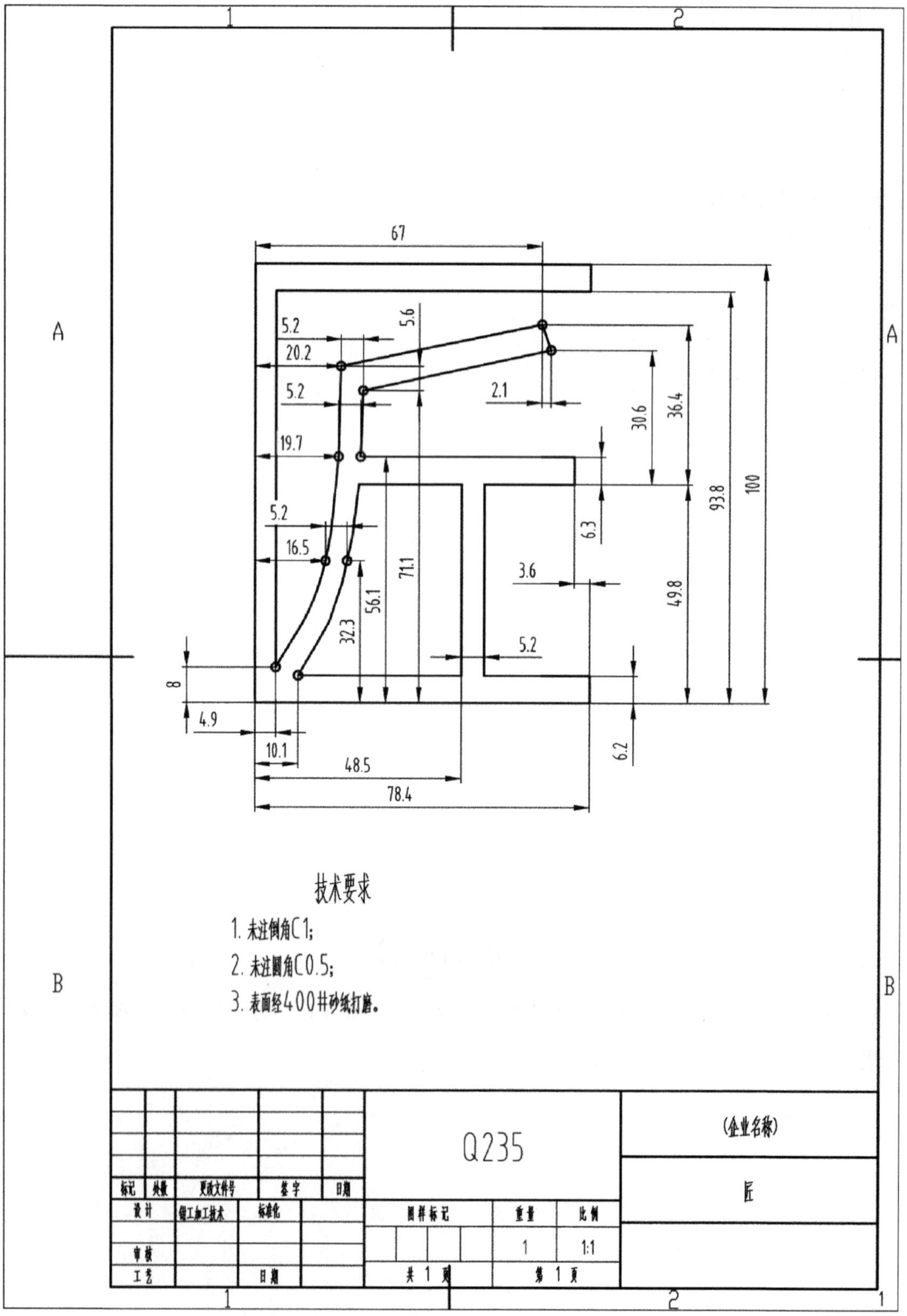

【任务指导】

一、任务分析

本任务为爱心划线，线条包括直线、圆弧等，故需要用到的划线工具包括划线平板、V形铁、游标高度尺、划线盘、画针、样冲、榔头、直角尺等。

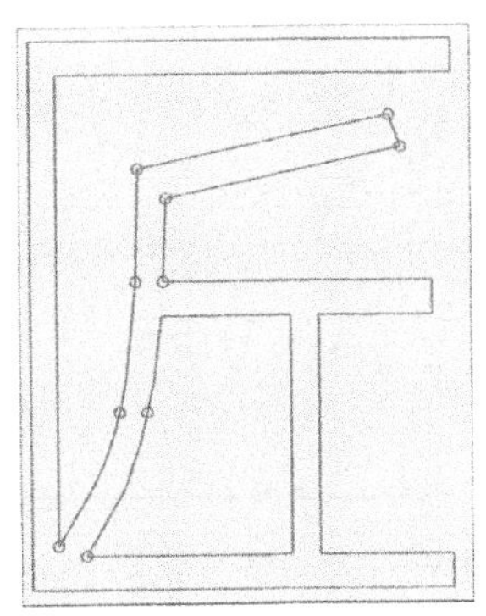

二、检查毛坯

1. 毛坯为钢板，尺寸为105 mm × 84 mm × 6 mm，材料为45#。

2. 检查毛坯表面是否有铸造形成的气孔、缩松等缺陷。

3. 检查毛坯是否有变形、裂纹等缺陷。

三、处理毛坯

1. 去除表面飞边及毛刺等。

2. 清理表面氧化皮、油污、铁屑及灰尘。

3. 将工件表面涂色，使线条更加清晰。

四、划线

1. 确定基准线。

由于划线时通常以设计基准作为划线基准，因此根据图纸分析可知，图形最左侧边线为竖直基准线，最下侧边线为水平基准线。

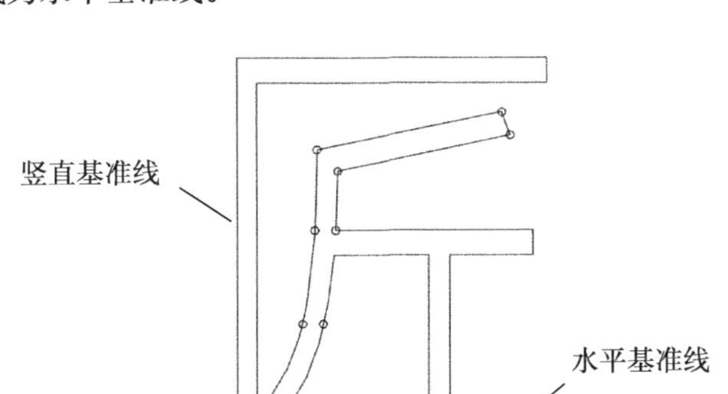

图2-3-1　确定基准线

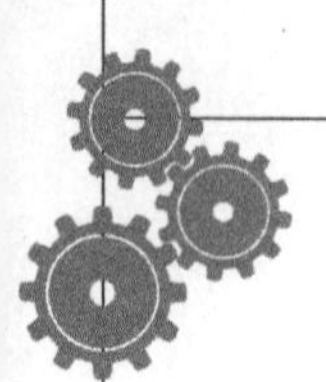

2.绘制基准线。

将水平基准线与竖直基准线绘制在工件合适位置。

3.绘制所有水平线与竖直线。

以所绘基准线作为位置参照，绘制所有的水平线与竖直线。

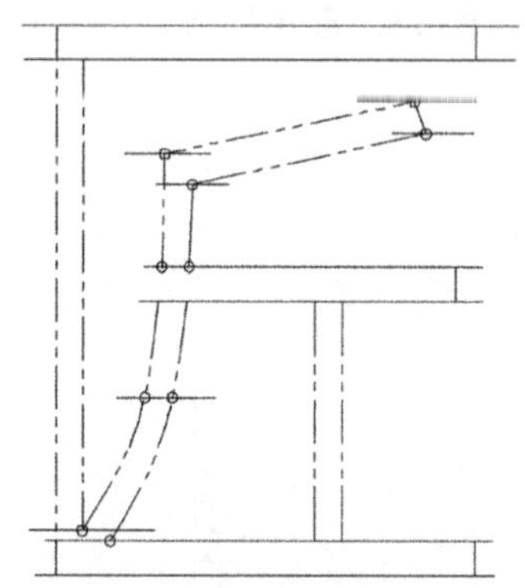

图2-3-2　绘制所有水平线

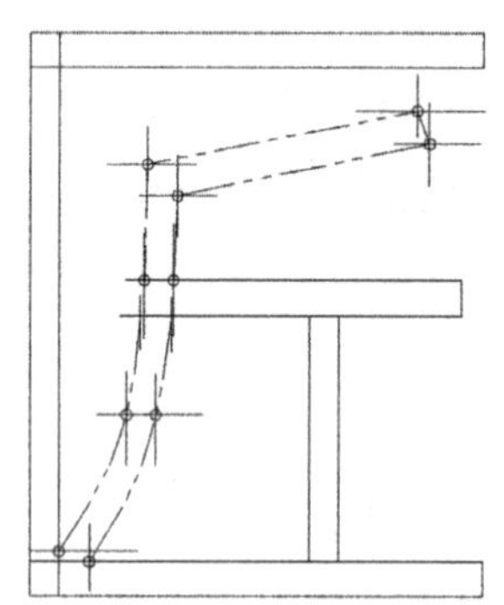

图2-3-3　绘制所有竖直线

4.绘制斜线与曲线。

通过端点，绘制三条斜线。使用光滑的曲线，连接样条关键点，绘制两条曲线。最后检查所有线条。

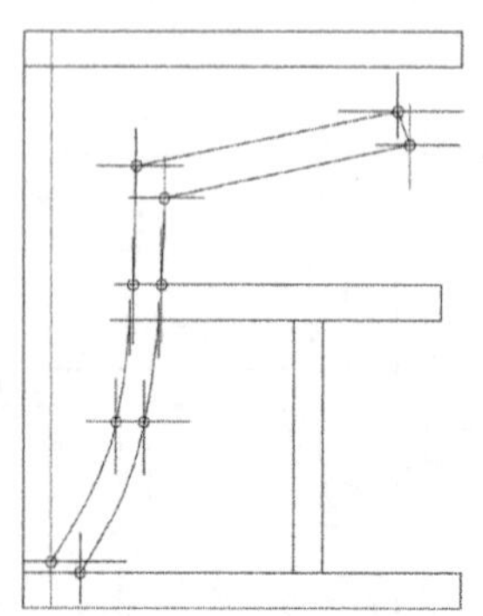

图2-3-4　绘制所有斜线与曲线

班级:______________ 姓名:______________ 学号:______________

【任务实施】

根据划线基本步骤结合图纸，将划线步骤补充完整。

一、时间

30分钟。

二、坯料准备

1.钢板，尺寸为105 mm × 84 mm × 6 mm，材料为45#。

2.坯料的检查与处理：

____

____

____

三、工具准备

1.设备：____

2.量具：____

3.划线工具：____

四、划线

1.涂色：____

2.确定划线基准：____

____

3.划线工作：____

____

____

____

4.检查线条及冲眼：____

____

五、注意事项

1.合理选择正确的量具完成测量操作。

2.正确使用各种划线工具，如出现违规操作或损坏工、量具的需进行赔偿并扣除平时成绩。

3.注意职业道德及规范，注重培养精益求精的工匠精神和团队协作的职业精神。

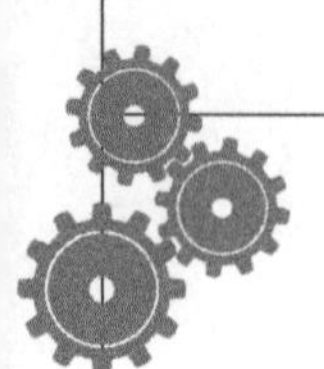

"匠"字划线任务评分表

班级:______ 姓名:______ 学号:______

内容	序号	考核要求	配分	评分标准	自评	得分
匠字零件	1	线条清晰	8	根据实际情况酌情扣分		
	2	100 mm	4	尺寸不合格扣4分		
	3	93.8 mm	2	尺寸不合格扣2分		
	4	36.4 mm	2	尺寸不合格扣2分		
	5	49.8 mm	2	尺寸不合格扣2分		
	6	30.6mm	2	尺寸不合格扣2分		
	7	6.3 mm	2	尺寸不合格扣2分		
	8	6.2 mm	2	尺寸不合格扣2分		
	9	5.6 mm	2	尺寸不合格扣2分		
	10	71.1 mm	2	尺寸不合格扣2分		
	11	56.1 mm	2	尺寸不合格扣2分		
	12	8 mm	2	尺寸不合格扣2分		
	13	78.4 mm	4	尺寸不合格扣2分		
	14	48.5 mm	2	尺寸不合格扣2分		
	15	67 mm	2	尺寸不合格扣2分		
	16	5.2 mm（四处）	8	每一处尺寸不合格扣2分		
	17	20.2 mm	2	尺寸不合格扣2分		
	18	19.7 mm	2	尺寸不合格扣2分		
	19	16.5 mm	2	尺寸不合格扣2分		
	20	4.9 mm	2	尺寸不合格扣2分		
	21	10.1 mm	2	尺寸不合格扣2分		
	22	2.1 mm	2	尺寸不合格扣2分		
	23	3.6 mm	2	尺寸不合格扣2分		
	24	32.3 mm	2	尺寸不合格扣2分		
	25	按时完成	8	延时完成酌情扣分		
匠字零件	26	正确使用工具、量具	8	使用不当酌情扣分		
	27	匠字外表美观、无夹伤等缺陷	8	根据实际情况酌情扣分		
其他	28	安全文明实训	12	违者视情节轻重酌情扣分		
总分						

评分人: 日期:

班级:______________ 姓名:______________ 学号:______________

【总结与反思】

1.请分析你在此次任务中的工艺改进和技术优化。

____

____

____

____

____

____

____

____

____

____

2.分析此次任务中的失误，并针对失误提出解决方法。

____

____

____

____

____

____

____

____

____

____

岗位三　零部件手工加工

工作任务一　制作六角螺母

【任务描述】

本任务使用钳工加工工具，根据给定的图纸完成六角螺母的加工任务，要求工艺设计合理，工作过程规范，零件尺寸符合图纸要求。

【学习目标】

>> 知识目标 <<

1. 具备图纸的识别与分析能力。
2. 掌握划线的相关知识。
3. 掌握锯削、锉削的基本方法。
4. 掌握钻孔、攻螺纹的基本步骤及方法。

>> 技能目标 <<

1. 能够正确分析图纸，合理确定划线基准。
2. 能够根据图纸合理设计钳工加工工艺。
3. 能够正确使用钳工工具进行零件生产。
4. 能够实现规范操作，具有安全操作意识。

>> 思政育人目标 <<

六角螺母作为机械产品中最小、最常见的零件，但在机械产品中依然发挥重要作用。培养学生从小事做起、从基础做起才能建成高楼大厦。

【建议预习内容】

锯削、锉削及孔类加工技能模块。

【思政小课堂】

请浏览央视网，观看“青春匠心”——庞天宇：20岁的冠军 3D打印出彩人生。

班级：__________ 姓名：__________ 学号：__________

【引导问题】

微课 锯削 ①

1. 锯削加工精度通常可以达到__________ mm。
2. 锉削加工精度通常可以达到__________ mm。
3. 锯削的加工频率为__________次/分钟。
4. 锉削的加工频率为__________次/分钟。
5. 平面锉削方法有__________、__________和__________三种。
6. 钻孔的基本步骤是什么？

微课 锉削

7. 钻孔试钻时发现偏斜如何处理？

微课 钻孔工艺

8. 攻螺纹时为什么要经常反转？

9. 攻螺纹的底孔直径如何确定？为什么不能等于螺纹小径？

【拓展问题】

通过观看“庞天宇：20岁的冠军 3D打印出彩人生”，片中庞天宇三个月用坏了几台熔融堆积3D打印机？视频中他参加了什么大赛？

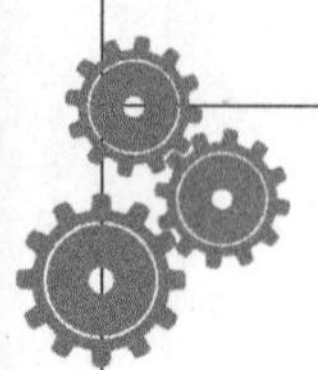

【任务内容】

根据图纸，使用给定毛坯，合理设计加工工艺，完成零件加工，限时120分钟。

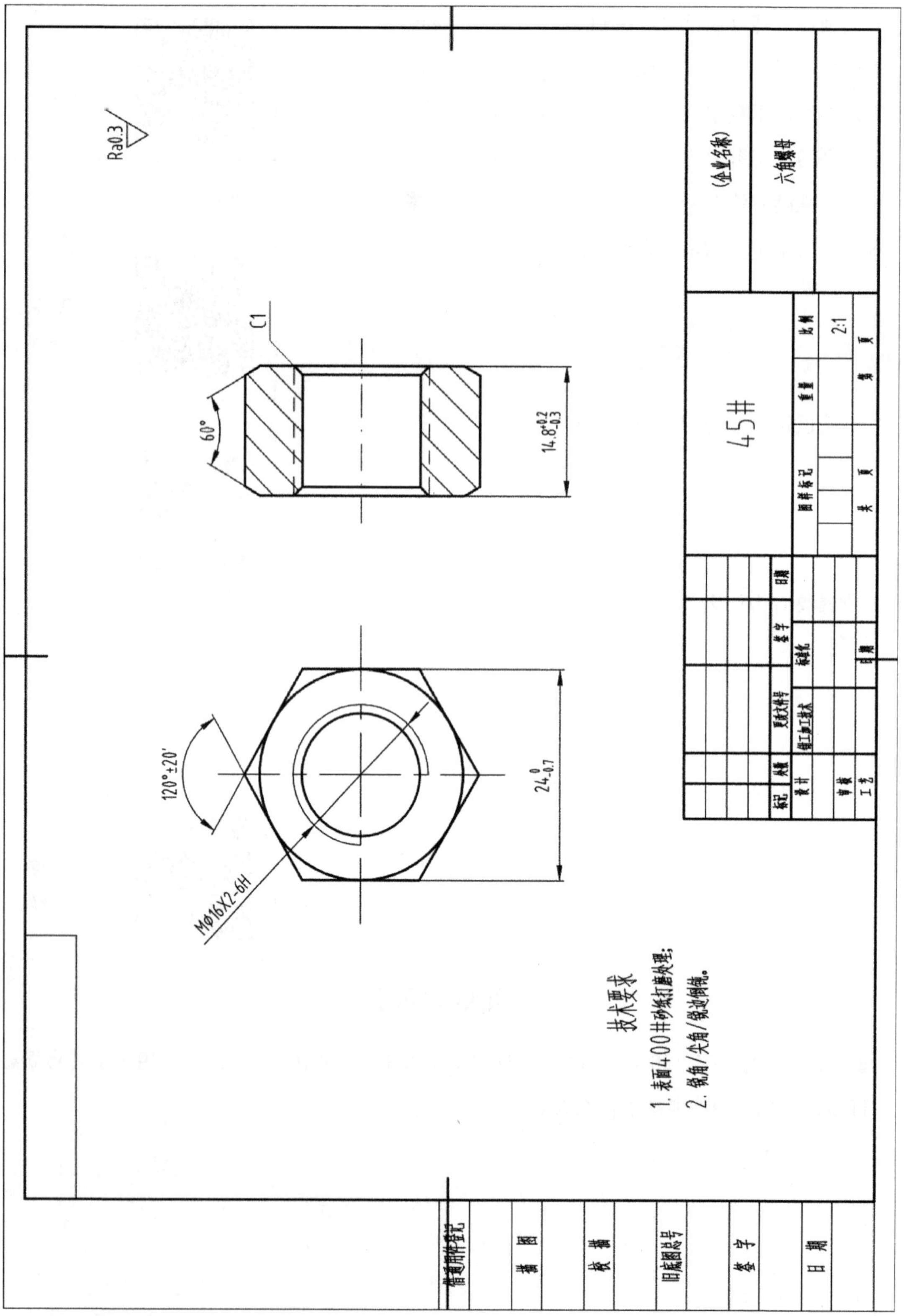

【任务指导】

一、图样分析

待加工零件为六角螺母，材料45#钢，整体结构为正六棱柱。中央须钻孔并攻制内螺纹。

二、检查毛坯

1. 毛坯为圆钢，正六棱柱8面须锉削加工，故每一面至少须留1~2 mm锉削余量，因此，圆钢尺寸应不小于ϕ30 mm × 16 mm。

2. 检查毛坯表面是否有铸造形成的气孔、缩松等缺陷。

3. 检查毛坯是否有变形、裂纹等缺陷。

三、处理毛坯

1. 去除表面飞边及毛刺等。

2. 清理表面氧化皮、油污、铁屑及灰尘。

四、加工

1. 加工基准面。

（1）涂色。表面均匀涂抹红丹粉溶剂，便于划出清晰的线条。

（2）如图3-1-1所示，以圆柱一端面作为加工基准面，利用高度游标尺量取15 mm并划线。

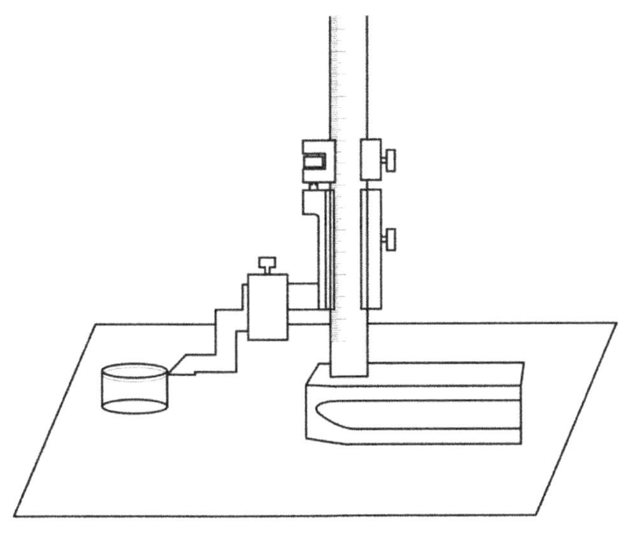

图3-1-1　使用高度游标尺画基准线

（3）锉削基准面至划线部位，保证基准面与圆柱侧面保持垂直。

2. 加工基准相对面。

（1）以图3-1-1所示的方法，使用高度游标尺画出另一侧端面线，端面线与基准面距离为14 mm。

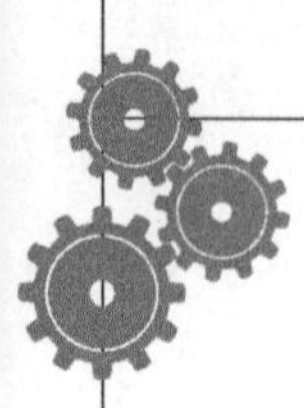

（2）锉削基准面至划线部位，保证另一侧端面与基准面距离为14 mm，且与基准面保持平行。

3.绘制端面正六边形。

（1）如图3-1-2所示，使用单脚划规找出端面圆心。

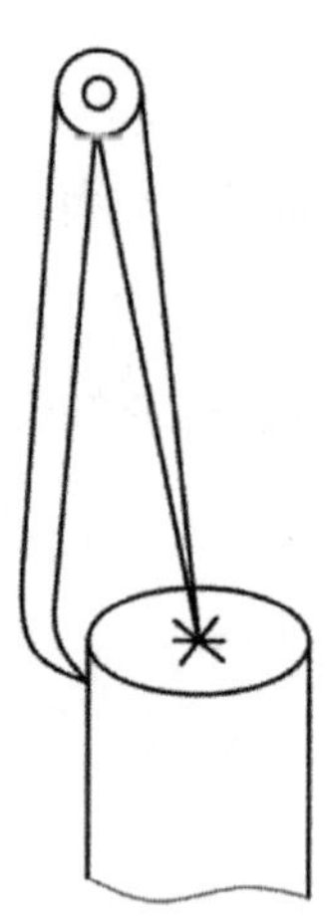

图3-1-2　利用单脚划规找圆心

（2）在圆心处冲眼。

（3）使用分度头夹住圆钢，在端面划出距离圆心12 mm的六边形边线。

（4）每次分度120°，分别划相邻边线，直至画出正六边形所有边线。

4.沿正六边形顶点，划出圆柱体侧面的六条母线。

5.选择六边形的一个侧面作为基准面，锉削达到划线位置，并保证锉削面与端面保持垂直。

6.加工侧面基准面的相对面。

（1）如图3-1-3所示，利用高度游标尺，划出距离基准侧面24 mm的相对面线。

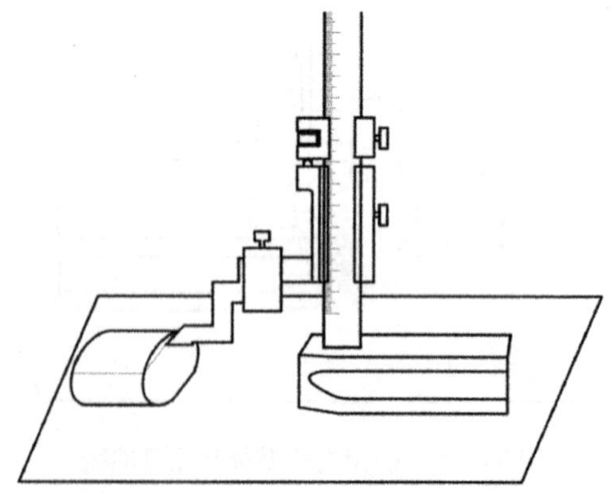

图3-1-3　利用单脚划规找圆心

（2）锉削基准侧面相对面，达到线条，同时保证与基准侧面平行，且距离为24 mm。

7.使用相同的方法加工另外两对侧面，直至符合图纸尺寸要求。

8.计算螺纹底孔直径。

（1）由于45#钢为韧性材料，因此可根据公式$D_{钻}=D-P$计算底孔直径。

（2）根据图纸标注，$P=2$，故$D_{钻}=14$ mm。

9.钻孔。

（1）在端面圆心处用样冲冲眼。

（2）使用划规划出ϕ14 mm圆。

（3）使用ϕ14 mm钻头钻出通孔。

10.攻螺纹。

分别使用头锥、二锥、三锥攻制M16螺纹。

11.使用400#砂纸打磨各表面。

五、尺寸检查

检查各尺寸是否符合图纸要求。

六、注意事项

1.划线时须将针尖刃磨锋利，保证画出的线条清晰均匀。

2.锉削时先使用锉齿锉刀粗锉，再使用细齿锉刀精锉，直至达到规定的尺寸精度及表面精度。

3.钻孔时工具必须夹紧，若出现事故必须第一时间断电。

4.攻制螺纹时，每转一圈必须翻转半圈以切断碎屑，同时，及时加注切削液，避免丝锥被拧断。

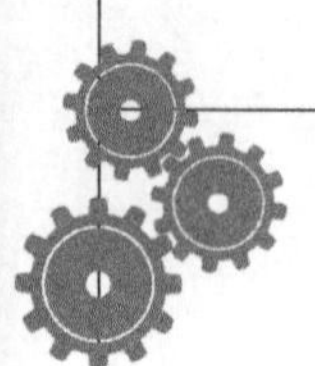

班级:______________ 姓名:______________ 学号:______________

【任务实施】

根据图纸，合理设计加工工艺，将加工步骤补充完整，要求工艺合理，具有一定的创新。

一、时间

30分钟。

二、坯料准备

1. 圆钢，尺寸为ϕ30 mm × 16 mm，材料为45#。

2. 坯料的检查与处理:

____

____

____

三、工具准备

1. 设备:____

2. 量具:____

3. 划线工具:____

4. 加工工具:____

四、划线

1. 涂色:____

2. 确定划线基准:____

____

____

3. 划线工作:____

____

____

____

4. 检查线条:____

____

____

____

五、加工

____

____

____

____

六、注意事项

1.正确分析图纸，合理选择划线基准，合理选择工、量、检具保证零件加工精度。

2.正确使用各种工具，如出现违规操作或损坏工、量具的需进行赔偿并扣除平时成绩。

3.注意职业道德及规范，注重培养精益求精的工匠精神和团队协作的职业精神。

六角螺母制作任务评分表

班级:____________　　姓名:____________　　学号:____________

内容	序号	考核要求	配分	评分标准	自评	得分
六角螺母	1	表面粗糙度 *Ra*0.3	16	每个面不合格扣2分		
	2	M16 × 2-6H	10	尺寸超差扣10分		
	3	$24^{0}_{0.7}$（3处）	18	每处尺寸超差扣6分		
	4	$14.8^{0.2}_{-0.3}$	10	尺寸超差扣10分		
	5	120° ± 20′（6处）	18	每处尺寸超差扣6分		
	6	60°（6处）	18	每处不合格扣6分		
其他	6	安全文明实训	10	违者视情节轻重扣1~10分		
总分						

评分人:　　　　　日期:

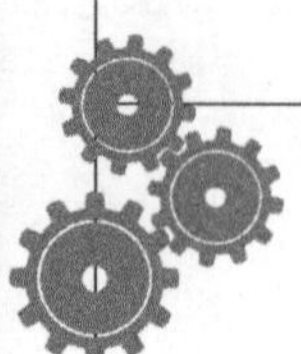

班级:______________ 姓名:______________ 学号:______________

【总结与反思】

1.请分析你在此次任务中的工艺改进和技术优化。

2.分析此次任务中的失误，并针对失误提出解决方法。

工作任务二　制作手锤

【任务描述】

本任务使用钳工加工工具，根据给定的图纸完成手锤的加工任务，要求工艺设计合理，工作过程规范，零件尺寸符合图纸要求。

【学习目标】

>> 知识目标 <<

1. 具备图纸的识别与分析能力。
2. 掌握简单的立体划线和平面划线相关知识及操作方法。
3. 掌握锯削的基本加工方法。
4. 掌握平面锉削及简单内外圆弧面锉削的加工方法。
5. 掌握钻通孔及加工腰形孔的加工方法。
6. 掌握游标卡尺、刀口直角尺等量具的使用方法。

>> 技能目标 <<

1. 能够正确分析图纸，合理确定划线基准。
2. 能够根据图纸合理设计手锤的加工工艺步骤。
3. 能够正确使用钳工工具进行零件加工。
4. 能够实现规范操作，具有安全操作意识。

>> 思政育人目标 <<

手锤是常见的工具，它使用方便且结构简单，但是对于加工手锤来说却并不容易，需要有吃苦耐劳的工匠精神和熟练的加工技术才行。培养学生吃苦耐劳的精神和精益求精的做事态度。

【建议预习内容】

划线、锯削、锉削及孔类加工技能模块。

【思政小课堂】

请浏览央视网，观看纪录片“智造中国”第1集 智造浪潮。

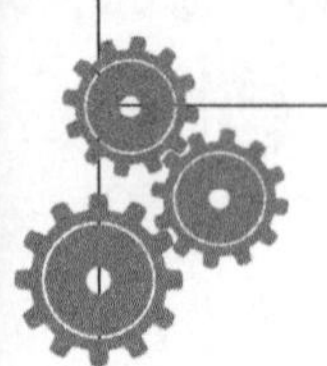

班级:__________　　姓名:__________　　学号:__________

【引导问题】

1.平面锉削精加工时，为平面表面美观，纹理一致，通常使用________的加工方法。

2. 锉刀分__________锉、__________锉和__________锉三类。

3. 游标卡尺只适用于__________精度尺寸的测量和检验。不能用游标卡尺测量________尺寸。

4.锉刀按其规格分类可分为锉刀的__________规格和锉齿的__________规格。

5.用顺向锉的加工方法适合加工__________的零件表面。

6.在一钻床上钻ϕ10 mm的孔，选择转速n为500 r/min，求钻削时的切削速度?

7.麻花钻后角的大小对切削的什么有影响?

8.起锯削时的操作要点有哪些?

9.锯削时如果材料较硬，需要注意什么?如果材料较软需要注意什么?

【拓展问题】

通过观看“智造中国”第1集 智造浪潮，视频介绍的黑灯工厂中制造洗衣机的柔性生产线可同时生产多少种不同型号的洗衣机?

【任务内容】

根据图纸，使用给定毛坯，合理设计加工工艺，完成零件加工，限时300分钟。

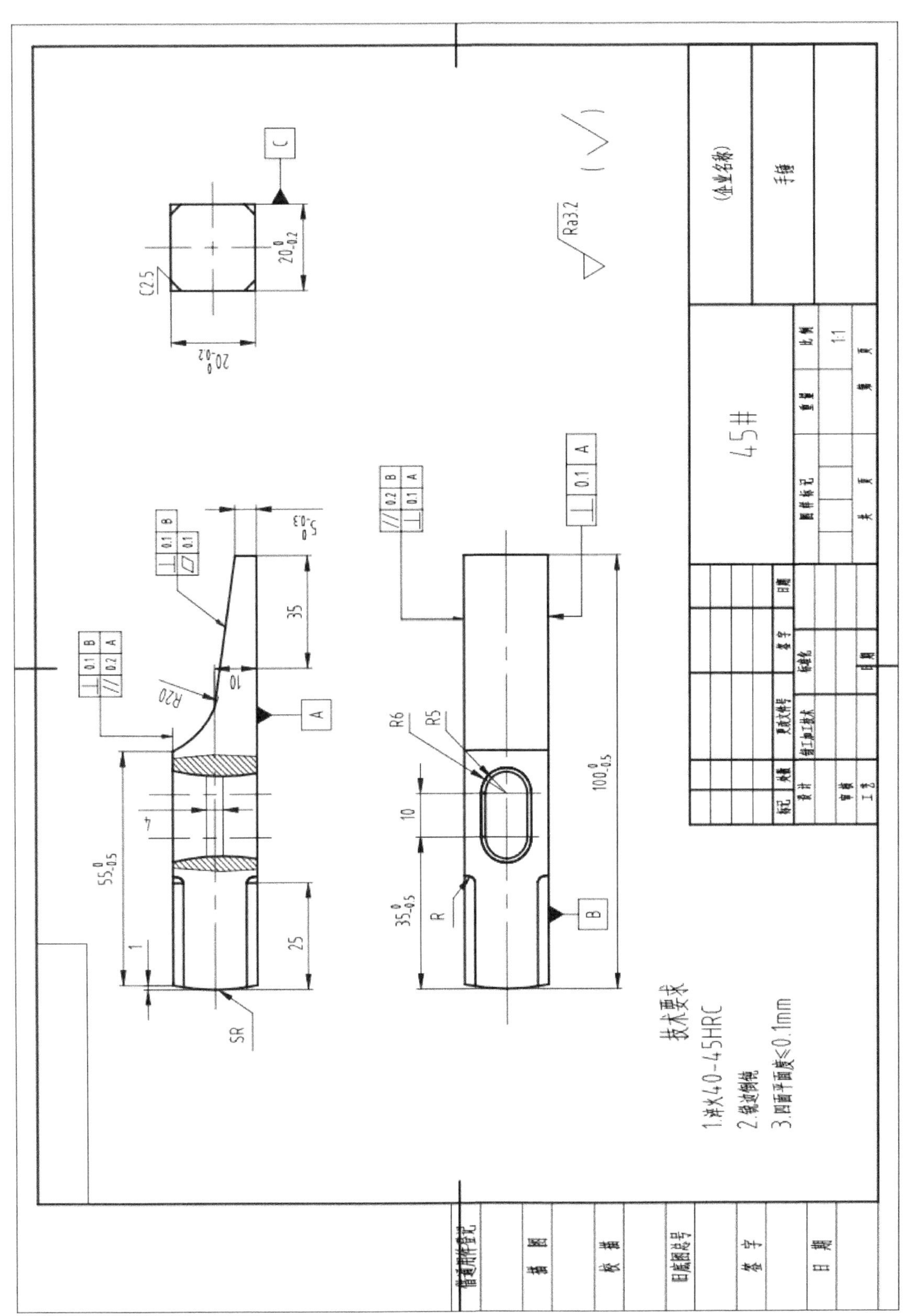

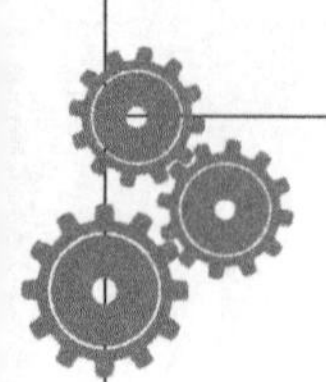

【任务指导】

一、图样分析

待加工零件为手锤零件，材料45#钢，整体结构为长方体，须锯削鸭嘴。手柄部位须钻孔并加工成腰形孔。

二、检查毛坯

1. 毛坯为圆钢，手锤零件4面须锉削加工，故每一面至少须留1~2 mm锉削余量，因此，圆钢尺寸应不小于ϕ30 mm × 102 mm。

2. 检查毛坯表面是否有铸造形成的气孔、缩松等缺陷。

3. 检查毛坯是否有变形、裂纹等缺陷。

三、处理毛坯

1. 去除表面飞边及毛刺等。

2. 清理表面氧化皮、油污、铁屑及灰尘。

四、加工

1. 加工*A*面至（25 ± 0.3）mm。

（1）划线。如图3-2-1所示，把圆柱棒料划线处涂色，放在V形铁上，一起放在划线平板上，用高度游标卡尺测量总高度*L*，分别调整高度游标卡尺至尺寸（*L*−3）mm、（*L*−5）mm，沿棒料四周划线，打上样冲眼。

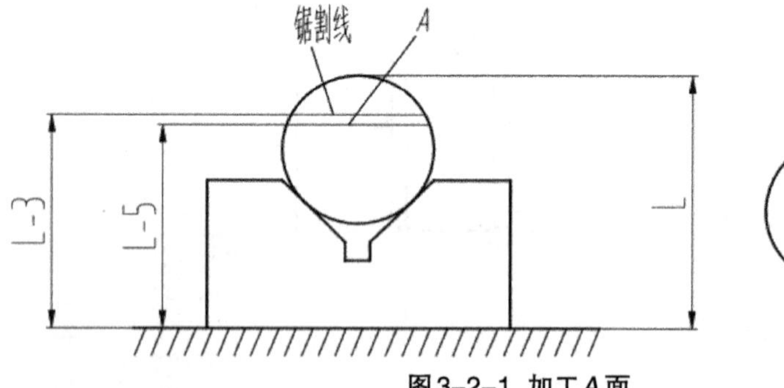

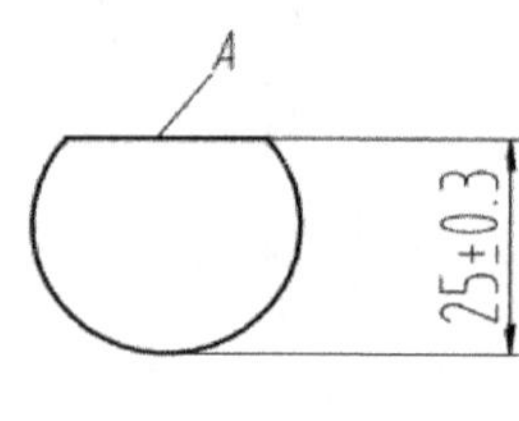

图3-2-1 加工*A*面

（2）锯削*A*面。把工件夹在台虎钳上，对正所画的锯割线条锯削，留锉削余量0.5~1.5 mm。

（3）锉削*A*面。把工件夹在台虎钳上，先用250 mm、300 mm平板锉粗锉*A*面，留0.3~0.5 mm精锉余量，再用200 mm、150 mm平板锉精锉A面至尺寸要求，保证平面度≤0.1mm，如图3-2-1所示。

2. 加工*B*面至（25 ± 0.3）mm。

（1）划线。如图3-2-2所示，在棒料划线处涂色，把A面靠在V形铁上，分别调整高度游标卡尺至尺寸为25 mm、27 mm，沿棒料四周划线，打上样冲眼。

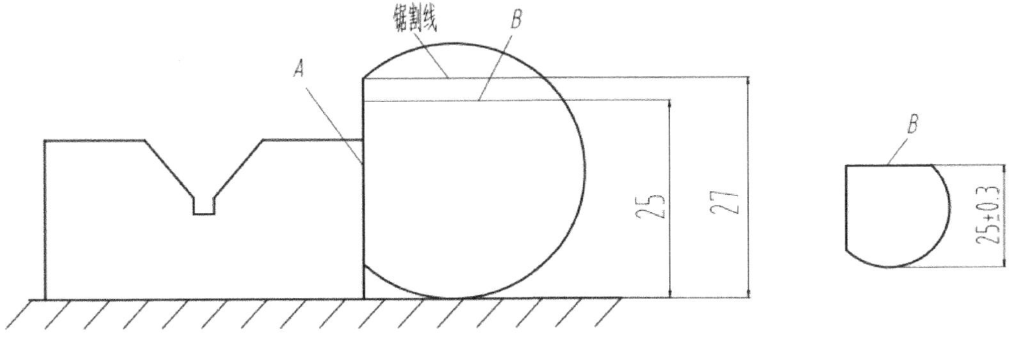

图3-2-2 加工B面

（2）锯削B面。把工件夹在台虎钳上，对正所画的锯割线条锯削，留锉削余量0.5~1.5mm。

（3）锉削B面。把工件夹在台虎钳上，先用250 mm、300 mm平板锉粗锉B面，留0.3~0.5 mm精锉余量，再用200 mm、150 mm平板锉精锉B面至要求，保证（25 ± 0.3）mm及平面度≤ 0.1 mm、与A面垂直度≤ 0.1 mm，如图3-2-2所示。

3.加工C面至$20^{0}_{-0.2}$ mm。

（1）划线。如图3-2-3所示，在棒料划线处涂色，把棒料A面放在划线平板上，分别调整高度游标卡尺至尺寸20 mm、22 mm，沿棒料四周划线，打上样冲眼。

（2）加工C面。对正所画的锯割线条锯削，留锉削余量0.5~1.5 mm，粗、精锉C面，保证尺寸$20^{0}_{-0.2}$ mm，平面度≤ 0.1 mm及垂直度≤ 0.1 mm，如图3-2-3所示。

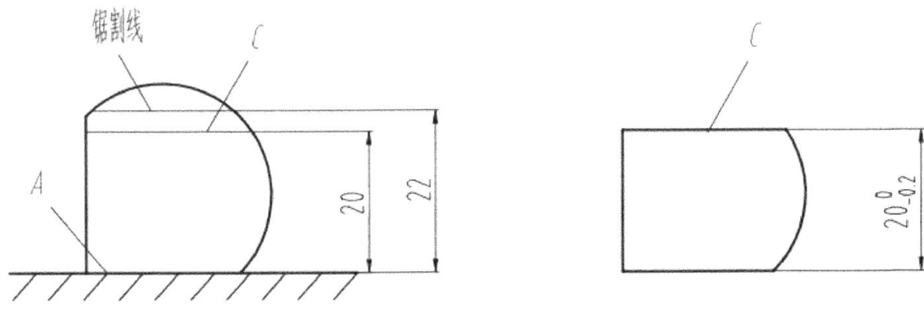

图3-2-3 加工C面

4.加工D面至$20^{0}_{-0.2}$ mm。

（1）划线。如图3-2-4所示，在棒料划线处涂色，把棒料B面放在划线平板上，分别调整高度游标卡尺至尺寸20 mm、22 mm，沿棒料四周划线，打上样冲眼。

（2）加工D面。对正所画的锯割线条锯削，留锉削余量0.5~1.5 mm，粗、精锉削D面，保证尺寸$20^{0}_{-0.2}$ mm，平面度≤ 0.1 mm及垂直度≤ 0.1 mm，如图3-2-4所示。

5.锉削两端面至要求。分别锉削两个端面，保证长度尺寸100 mm，垂直度≤ 0.1 mm。

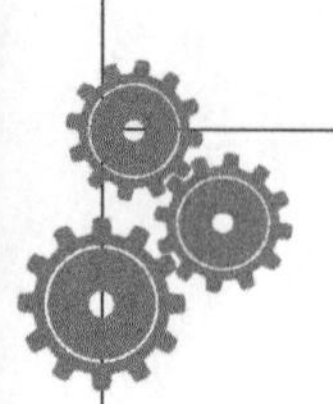

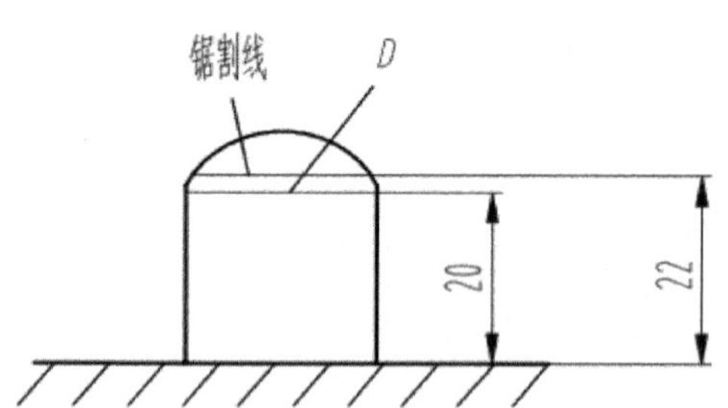

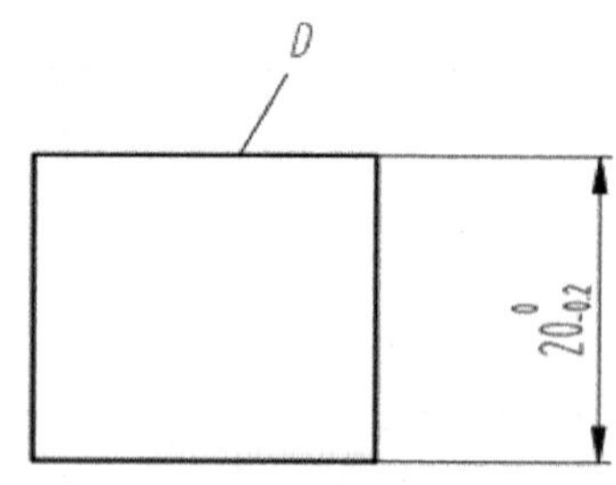

图3-2-4 加工*D*面

6.加工斜面、圆弧面组合面。

(1)划线。如图3-2-5所示，在工件划线处涂色，放在平板上，分别画出尺寸10 mm、55 mm、35 mm、5 mm等线条。然后，把工件夹在台虎钳上，用圆规、钢直尺、画针等画出圆弧及斜线，打上样冲眼。离开加工位置线2 mm左右画出锯削位置线。

(2)加工斜面、圆弧面组合面。沿锯削位置线锯割，留锉削余量0.5~1.5 mm，分别粗、精锉削圆弧面及斜平面，保证尺寸55 mm、10 mm、5 mm符合要求及平面度、垂直度符合要求。

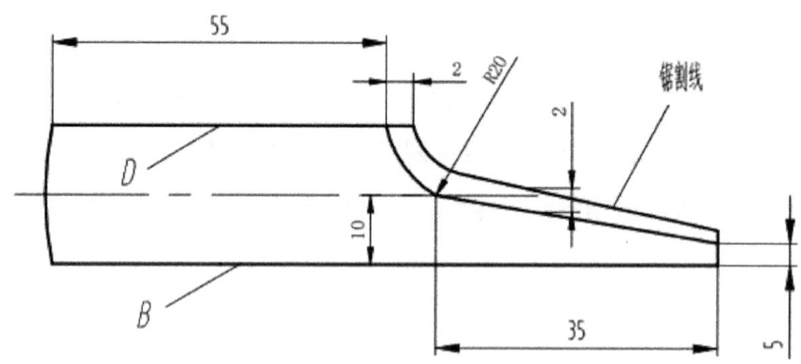

图3-2-5 斜面、圆弧面划线

7.加工腰形孔。按照图纸尺寸要求画出腰形孔的形状，打上样冲眼。在钻床上钻两个ϕ9.8 mm通孔，用圆锉锉通两孔，然后用圆锉、100 mm或150 mm平板锉（或方锉）锉削腰形孔，并在上下两端孔口锉出喇叭形状，达到图纸要求。

8.倒*C*2.5角。在平板上用高度游标卡尺画出宽2.5 mm高25 mm的倒角线，把工件夹在虎钳上，用圆锉、平板锉锉*C*2.5倒角。

9.锉削球面*R*。把工件夹在虎钳上，端面向上，用平板锉锉削球面，使中间比四周凸起0.5~1 mm，要求球面光滑，四周锉去部分均匀。

10.检查各加工面，如有差错，作适当修整。

11.打上工位号码，交件评分。

12.热处理40-45HRC。

13.用砂纸打光各加工表面、上油。

五、尺寸检查

检查各尺寸精度是否符合图纸要求。

六、注意事项

1.划线时须将针尖刃磨锋利，保证画出的线条清晰均匀，操作时注意安全避免发生刺伤。

2.锉削时先使用锉齿锉刀粗锉，再使用细齿锉刀精锉，直至达到规定的尺寸精度及表面精度。

3.钻孔时工件必须加紧操作，且不允许戴手套操作钻床，以免发生意外。若出现事故必须立即按下急停键断电。

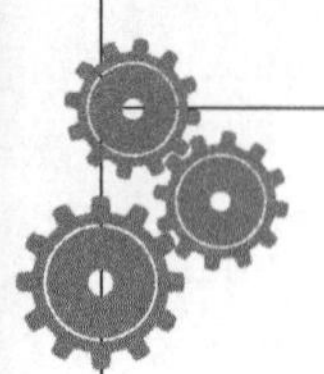

班级:____________ 姓名:____________ 学号:____________

【任务实施】

根据图纸，合理设计加工工艺，将加工步骤补充完整，要求工艺合理，具有一定的创新。

一、时间

30分钟。

二、坯料准备

1.圆钢，尺寸为ϕ30 mm × 102 mm，材料为45#。

2.坯料的检查与处理:

____

____

____

三、工具准备

1.设备:______________________________

2.量具:______________________________

3.划线工具:______________________________

4.加工工具:______________________________

四、划线

1.涂色:______________________________

2.确定划线基准:______________________________

____

3.划线工作:______________________________

____

____

____

4.检查线条:______________________________

____

五、加工

____

____

六、注意事项

1.正确分析图纸，合理选择划线基准，合理选择工、量、检具保证零件加工精度。

2.正确使用各种工具，如出现违规操作或损坏工、量具的需进行赔偿并扣除平时成绩。

3.注意职业道德及规范，注重培养精益求精的工匠精神和团队协作的职业精神。

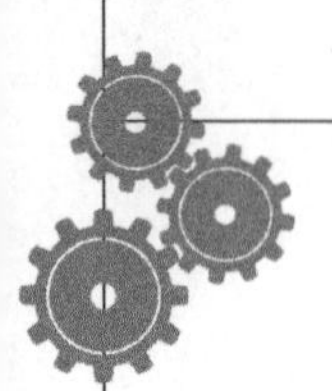

手锤制作任务评分表

班级:______________ 姓名:______________ 学号:______________

序 号	考核要求	配分	评分标准	自评	得分
1	$20^{0}_{-0.2}$ mm	10 × 2	每一处超差扣10分		
2	$100^{0}_{-0.5}$ mm	3	超差全扣		
3	$35^{0}_{-0.5}$ mm	3			
4	$55^{0}_{-0.5}$ mm	3			
5	$5^{0}_{-0.3}$ mm	3			
6	$i \leqslant 0.2$ mm（孔）	4 × 2	每一处超差扣4分		
7	$b \leqslant 0.1$ mm（四大平面及斜面）	3 × 5	每一处超差扣3分		
8	$f \leqslant 0.2$ mm（四大平面对应二处）	4 × 2	每一处超差扣4分		
9	$c \leqslant 0.1$ mm（四大平面及斜面）	3 × 5	每一处超差扣3分		
10	$Ra3.2$ μm（五面）	2 × 5	每面降1级扣1分		
11	操作姿势规范、正确	4	姿势不良酌情扣分		
12	按时完成	4	延时完成酌情扣分		
13	正确使用工具、量具	4	使用不当酌情扣分		
14	手锤外表美观、无夹伤等缺陷	10	根据实际情况酌情扣分		
15	安全、文明操作	10	违者酌情扣分		
总分					

评分人: 日期:

班级:______________ 姓名:______________ 学号:______________

【总结与反思】

1.请分析你在此次任务中的工艺改进和技术优化。

2.分析此次任务中的失误，并针对失误提出解决方法。

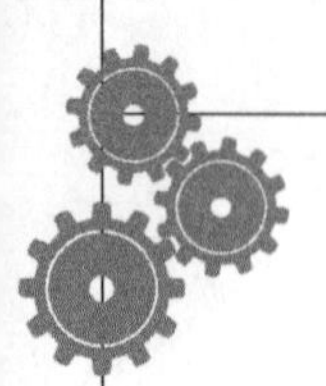

工作任务三 制作“匠”字零件

【任务描述】

本任务使用钳工加工工具，根据给定的图纸完成“匠”字零件的加工任务，要求工艺设计合理，工作过程规范，零件尺寸符合图纸要求。

【学习目标】

>> 知识目标 <<

1. 具备图纸的分析能力并能解决相关问题。
2. 掌握匠字模板的划线步骤和方法。
3. 掌握锉削、錾削的基本加工方法。
4. 掌握钻孔的基本步骤及方法。
5. 掌握相关量具的使用方法及读数方法。

>> 技能目标 <<

1. 能够正确分析图纸并根据图纸要求划线。
2. 能够根据图纸合理设计零件加工工艺步骤。
3. 能够根据图纸要求保质保量地完成零件加工。
4. 能够实现规范操作，确保作业时地劳动安全。

>> 思政育人目标 <<

国家的发展离不开一批又一批不怕苦不怕累的工匠人，随着我国经济和社会转型升级加速，加快培养有工匠精神的劳动者和技能人是具有十分重要的战略意义，通过加工匠字零件培养学生的工匠精神。

【建议预习内容】

锉削、锯削及孔类加工技能模块。

【思政小课堂】

请浏览央视网，观看2023年6月16日的“人物·故事”——让汽车“智”造走向世界·郑志明。

班级：____________　　姓名：____________　　学号：____________

【引导问题】

1. 錾削是利用____________锤击____________，实现对工件切削加工的一种方法。

2. 錾子有____________、____________和____________三种基本类型。

3. 錾子一般由____________锻成，切削部分磨成所需的____________后，经____________便能满足切削要求。

4. 錾子的前刀面和后刀面之间夹角称为____________。

5. 錾子刃口崩裂的原因是因为____________________。

6. 凹圆弧面的锉削同时完成的三个运动是什么?

7. 在钳工加工中选用锉刀的原则是什么?

8. 钻孔时为避免钻头折断，可以采用哪些措施?

9. 钻深孔时需要注意哪些方面?

【拓展问题】

通过观看“让汽车‘智’造走向世界 · 郑志明”，是什么原因让郑志明走上了“钳工”这条职业道路?

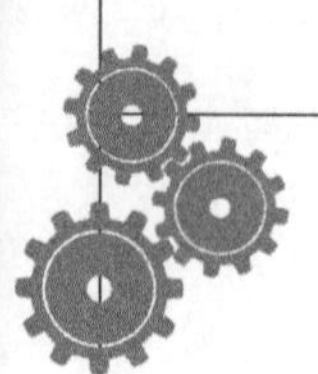

【任务内容】

根据图纸，使用给定毛坯，合理设计加工工艺，完成零件加工，限时240分钟。

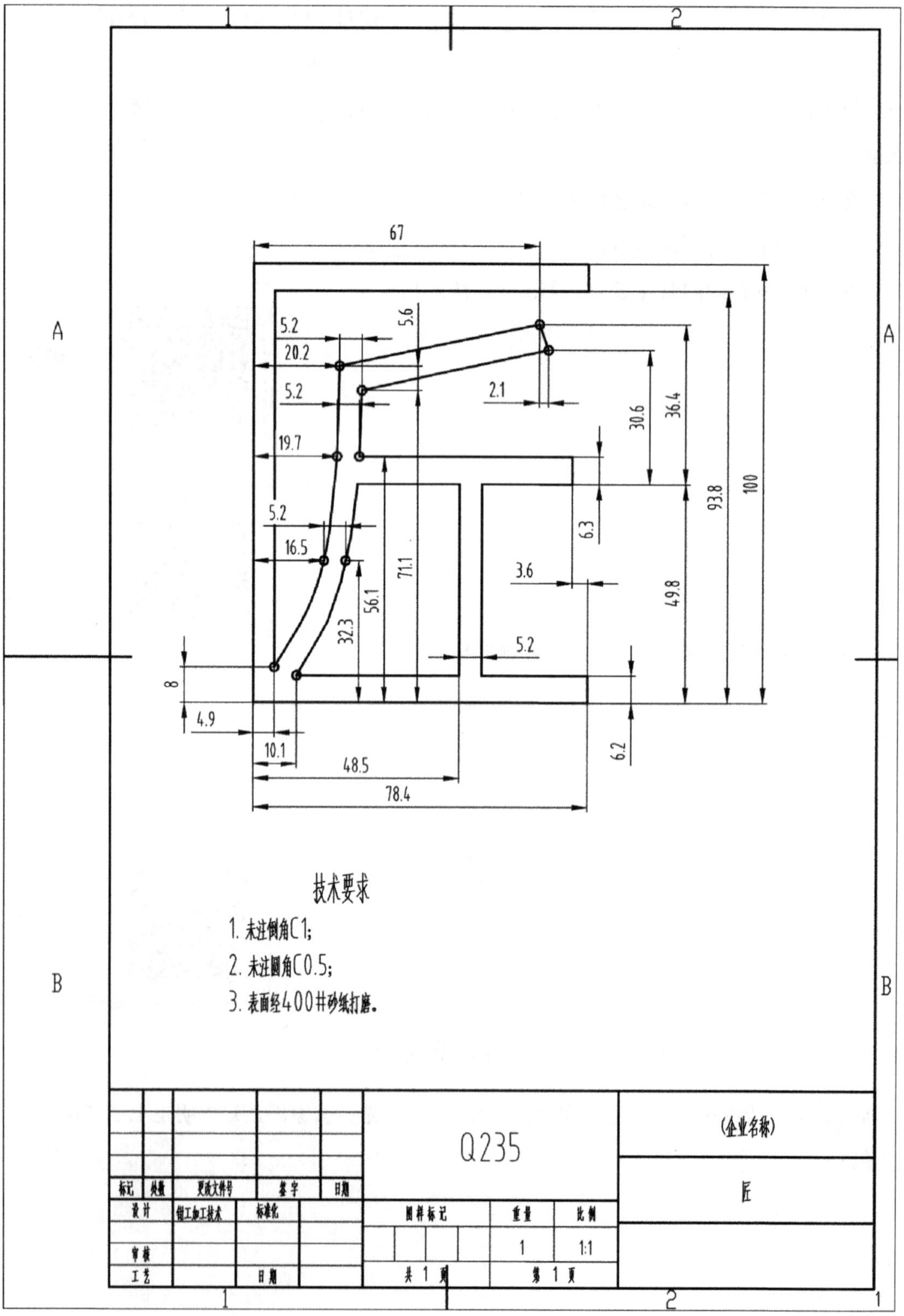

67
5.2
20.2
5.6
5.2
2.1
19.7
30.6
36.4
93.8
100
5.2
16.5
71.1
6.3
3.6
56.1
32.3
49.8
5.2
8
4.9
10.1
48.5
6.2
78.4
技术要求
1. 未注倒角C1;
2. 未注圆角C0.5;
3. 表面经400#砂纸打磨.
Q235
(企业名称)
匠
标记
处数
更改文件号
签字
日期
设计
钳工加工技术
标准化
图样标记
重量
比例
1
1:1
审核
工艺
日期
共 1 页
第 1 页

【任务指导】

一、图样分析

待加工零件为匠字，材料Q235钢，整体结构板形。零件开口端需锯割加工，锯割前需钻孔，最后锉削加工。

二、检查毛坯

1.毛坯为钢板，因匠字零件4面须锉削加工，故每一面至少须留1~2 mm锉削余量，因此，钢板尺寸应不小于102 mm × 81 mm × 3 mm。

2.检查毛坯表面是否有铸造形成的气孔、缩松等缺陷。

3.检查毛坯是否有变形、裂纹等缺陷。

三、处理毛坯

1.去除表面飞边及毛刺等。

2.清理表面氧化皮、油污、铁屑及灰尘。

四、加工

1.加工匠字零件基准面。

（1）涂色。表面均匀涂抹红丹粉溶剂，便于画出清晰的线条。

（2）将板料下端面作为加工基准面，利用高度游标尺量取1 mm并划线，锉削至图纸尺寸（下基准面），以下基准面作为基准量取100 mm划线并锉削至图纸尺寸。

（3）再以板料左端面作为加工基准面，利用高度游标尺量取1 mm并划线，锉削其至图纸尺寸（左基准面），以左基准面作为基准量取78.4 mm划线并锉削至图纸尺寸。

2.划线。

（1）如图3-3-1所示，将匠字工件下基准面作为划线基准画出所有水平线，利用高度游标卡尺量取93.8 mm（1号线）、86.2 mm（2号线）、80.4 mm（3号线）、76.7 mm（4号线）、71.1 mm（5号线）、56.1 mm（6号线）、49.8 mm（7号线）、6.2 mm（8号线）、32.3 mm（9号线）、8 mm（10号线）并划线。

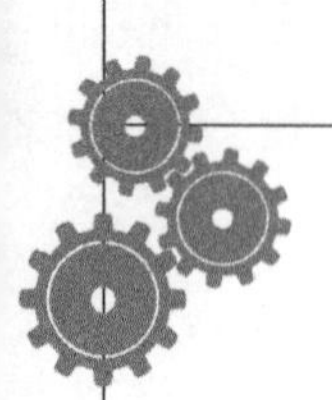

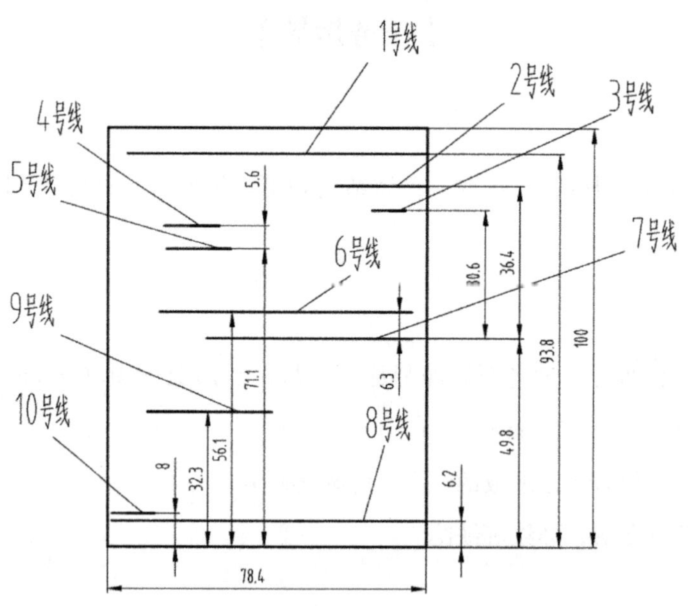

图3-3-1　用划线工具划出匠字水平线

（2）如图3-3-2所示，再以匠字工件左基准面作为划线基准划出所有竖直线，利用高度游标尺量取4.9 mm划线，相交于1号线和10号线。量取67 mm划线，相交于2号线。量取69.1 mm划线，相交于3号线。量取20.2 mm划线，相交于4号线。量取25.4 mm划线，相交于5号线。量取24.9 mm、19.7 mm划线，相交于6号线。量取24.9 mm划线，相交于7号线。量取74.8 mm划线相交于6号线和7号线。量取48.5 mm、53.7 mm划线，相交于7号线和8号线。量取16.5 mm、21.7 mm划线，相交于9号线。

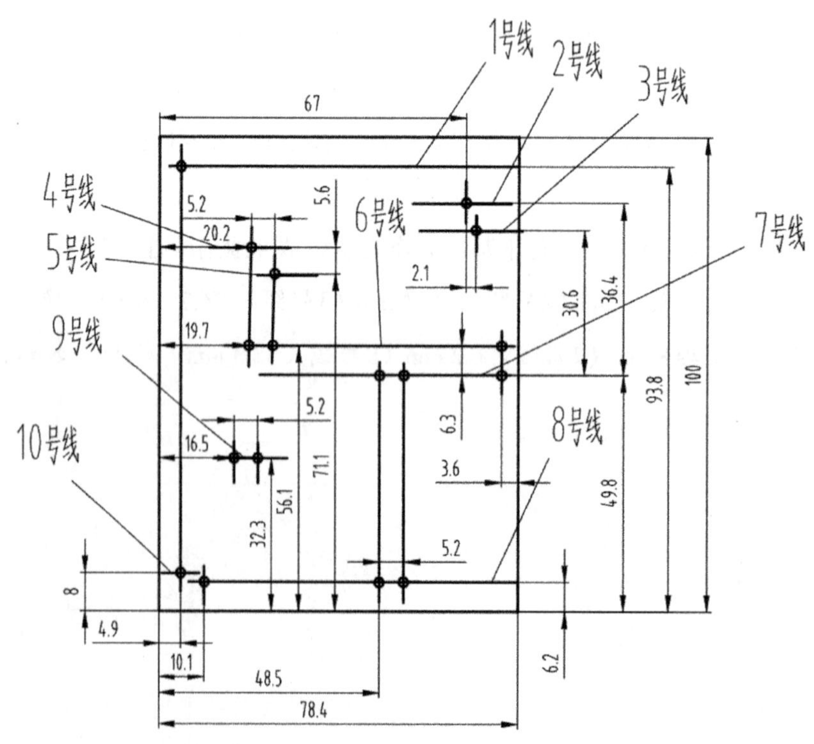

图3-3-2　用划线工具划出匠字竖直线

（3）如图3-3-3所示，根据图纸要求选择合适的划线工具将各交点连线，并划出对应的斜线和曲线。检查所有线条。

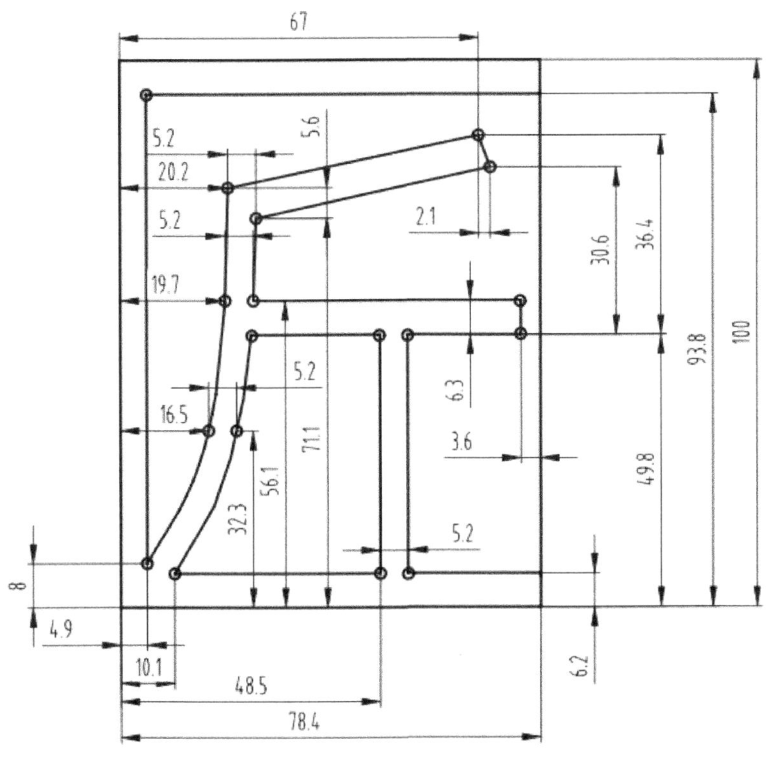

图3-3-3 用划线工具划出匠字斜线和曲线

3. 如图3-3-4所示，加工匠字外轮廓面。

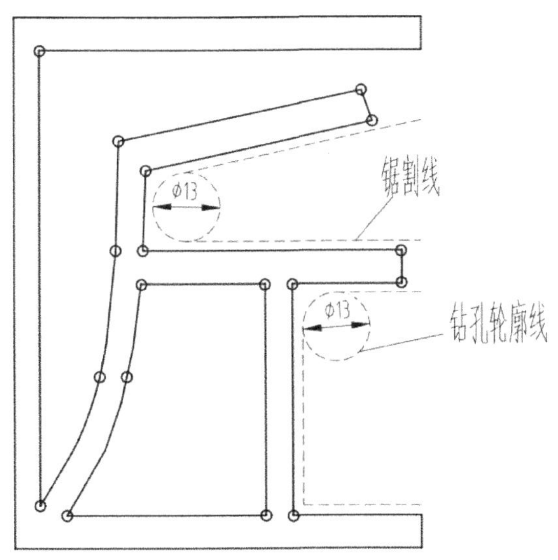

图3-3-4 加工匠字外轮廓

（1）外轮廓加工钻孔。

①将匠字工件下基准面作为划线基准，利用高度游标卡尺量取63.6 mm、42.3 mm并划线。再以工件左基准面作为划线基准，利用高度游标卡尺量取32.9 mm、61.2 mm划线。

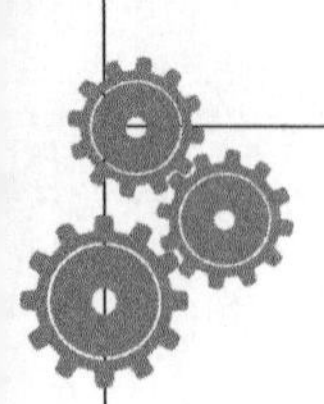

②在划线交点处确定圆心，利用样冲在圆心交点处进行冲眼，然后使用划规分别划出 ϕ13 mm圆，再用 ϕ13 mm 钻头钻出通孔。

(2) 如图3-3-5所示，锯割外轮廓表面。

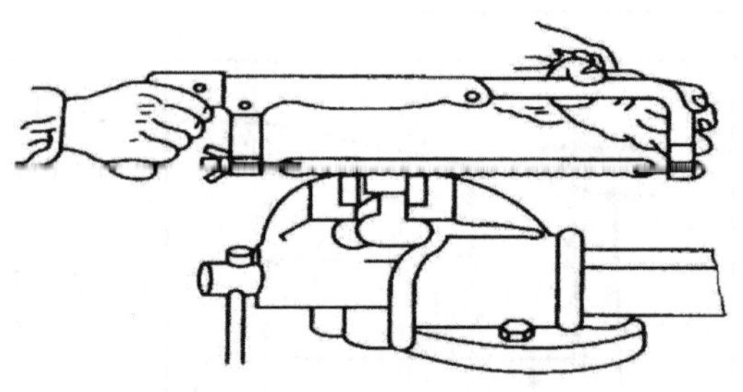

图3-3-5　锯弓的握持方法

①保留1~2 mm加工余量，沿着工件轮廓线画出对应的锯割线。

②沿着锯割线对工件进行锯割，直至工件外轮廓全部锯割完成。

(3)如图3-3-6所示，按照图纸要求在锯割后的工件表面进行锉削加工，直至加工到图纸尺寸并保证其表面粗糙度符合要求。

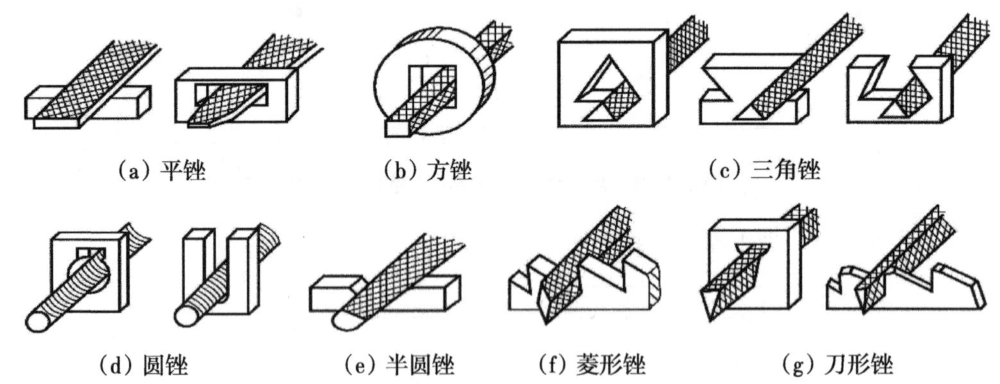

图3-3-6　不同端面锉刀的适用锉削形状

4.如图3-3-7所示，加工匠字内轮廓面。

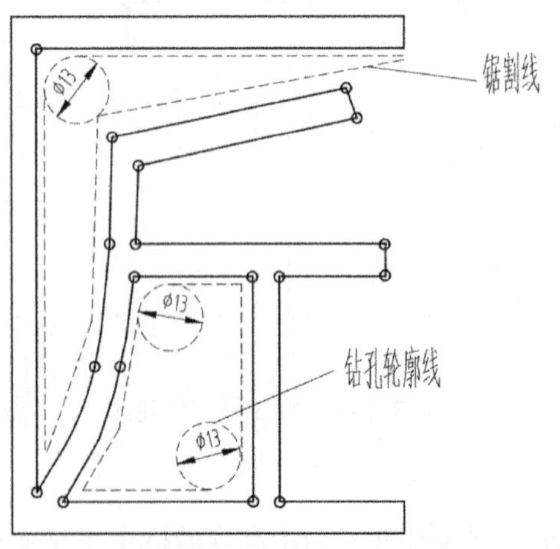

图3-3-7　加工匠字内轮廓

（1）内轮廓加工钻孔。

①将匠字工件下基准面作为划线基准利用高度游标卡尺量取13.7 mm、42.3 mm、86.3 mm并划线。再以工件左基准面作为划线基准利用高度游标卡尺量取41 mm、33 mm、12.5 mm并划线。

②如图3-3-8所示，在划线交点处确定圆心，利用样冲在圆心交点处进行冲眼，然后使用划规分别画出ϕ13 mm圆，再用ϕ13 mm钻头钻出通孔。

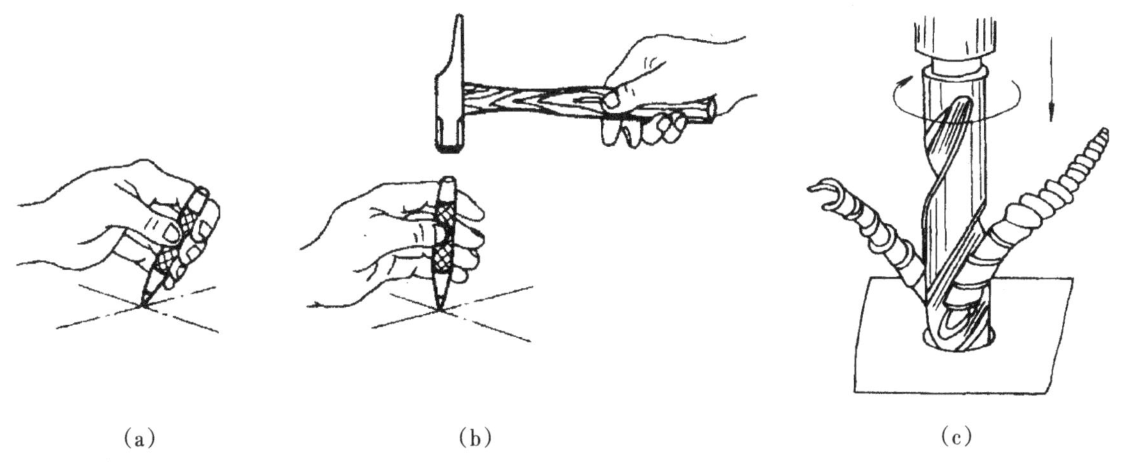

（a）　（b）　（c）

图3-3-8　样冲冲眼和钻孔加工

（2）锯割内轮廓表面。

①保留1~2 mm加工余量，沿着工件轮廓线画出对应的锯割线。

②沿着锯割线对工件进行锯割，直至工件内轮廓全部锯割完成。

（3）按照图纸要求在锯割后的工件表面进行锉削加工，直至加工到图纸尺寸并保证其表面粗糙度符合要求。

5.使用400#砂纸打磨各表面。

五、尺寸检查

检查各尺寸是否符合图纸要求。

六、注意事项

1.划线时须将针尖刃磨锋利，保证画出的线条清晰均匀。

2.锉削时先使用锉齿锉刀粗锉，再使用细齿锉刀精锉，直至达到规定的尺寸精度及表面精度。

3.钻孔时工具必须加紧，若出现事故必须第一时间断电。

4.锯削时注意锯弓在不用时不要卡在工件上，防止触碰造成人身受伤或锯条折断。

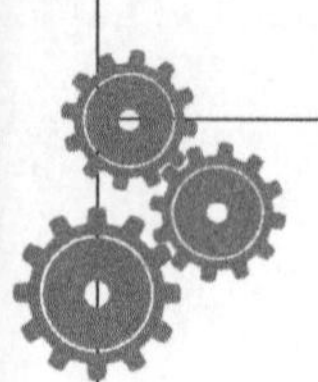

班级:＿＿＿＿＿＿　　姓名:＿＿＿＿＿＿　　学号:＿＿＿＿＿＿

【任务实施】

根据图纸，合理设计加工工艺，将加工步骤补充完整，要求工艺合理，具有一定的创新。

一、时间

30分钟。

二、坯料准备

1. 钢板，尺寸为102 mm × 81 mm × 3 mm，材料为Q235。

2. 坯料的检查与处理:

三、工具准备

1. 设备:

2. 量具:

3. 划线工具:

4. 加工工具:

四、划线

1. 涂色:

2. 确定划线基准:

3. 划线工作:

4.检查线条：

五、加工

六、注意事项

1.正确分析图纸，合理选择划线基准，合理选择工、量、检具保证零件加工精度。

2.正确使用各种工具，如出现违规操作或损坏工、量具的需进行赔偿并扣除平时成绩。

3.注意职业道德及规范，注重培养精益求精的工匠精神和团队协作的职业精神。

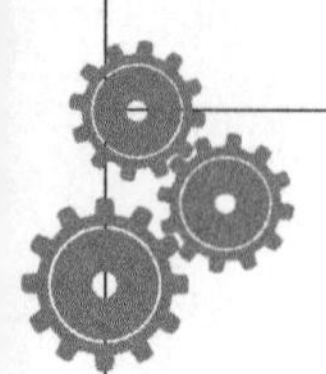

匠字零件制作任务评分表

班级：______　　姓名：______　　学号：______

内容	序号	考核要求	配分	评分标准	自评	得分
匠字零件	1	表面粗糙度$Ra0.3$	8	根据实际情况酌情扣分		
	2	100 mm	4	尺寸不合格扣4分		
	3	93.8 mm	2	尺寸不合格扣2分		
	4	36.4 mm	2	尺寸不合格扣2分		
	5	49.8 mm	2	尺寸不合格扣2分		
	6	30.6 mm	2	尺寸不合格扣2分		
	7	6.3 mm	2	尺寸不合格扣2分		
	8	6.2 mm	2	尺寸不合格扣2分		
	9	5.6 mm	2	尺寸不合格扣2分		
	10	71.1 mm	2	尺寸不合格扣2分		
	11	56.1 mm	2	尺寸不合格扣2分		
	12	8 mm	2	尺寸不合格扣2分		
	13	78.4 mm	4	尺寸不合格扣2分		
	14	48.5 mm	2	尺寸不合格扣2分		
	15	67 mm	2	尺寸不合格扣2分		
	16	5.2 mm（四处）	8	每一处尺寸不合格扣2分		
	17	20.2 mm	2	尺寸不合格扣2分		
	18	19.7 mm	2	尺寸不合格扣2分		
	19	16.5 mm	2	尺寸不合格扣2分		
	20	4.9 mm	2	尺寸不合格扣2分		
	21	10.1 mm	2	尺寸不合格扣2分		
	22	2.1 mm	2	尺寸不合格扣2分		
	23	3.6 mm	2	尺寸不合格扣2分		
	24	32.3 mm	2	尺寸不合格扣2分		
	25	按时完成	8	延时完成酌情扣分		
匠字零件	26	正确使用工具、量具	8	使用不当酌情扣分		
	27	匠字外表美观、无夹伤等缺陷	8	根据实际情况酌情扣分		
其他	28	安全文明实训	12	违者视情节轻重酌情扣分		
总分						

评分人：　　　　日期：

班级:______________ 姓名:______________ 学号:______________

【总结与反思】

1.请分析你在此次任务中的工艺改进和技术优化。

____

____

____

____

____

____

____

____

____

____

2.分析此次任务中的失误，并针对失误提出解决方法。

____

____

____

____

____

____

____

____

____

____

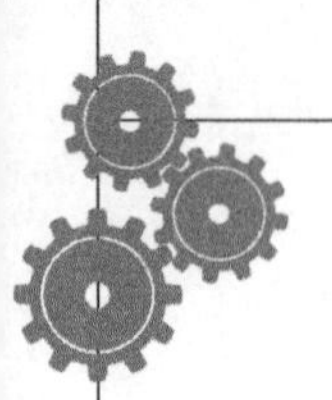

工作任务四　制作Ω形卡子

【任务描述】

本任务使用钳工加工工具，根据给定的图纸完成Ω形卡子的加工任务，要求工艺设计合理，工作过程规范，零件尺寸符合图纸要求。

【学习目标】

>> 知识目标 <<

1. 掌握看懂图纸文字、符号及分析图纸的能力。
2. 掌握划线的相关知识及操作方法。
3. 掌握台虎钳、手锤的使用方法。
4. 掌握钻孔的基本步骤及加工方法。

>> 技能目标 <<

1. 能够正确分析图纸，学会平面划线和立体划线的方法与步骤。
2. 能够根据图纸合理设计钳工加工工艺。
3. 能够按给定图纸要求进行Ω形卡子的制作并完成。
4. 能够实现规范操作，具有安全操作意识。

>> 思政育人目标 <<

一个小卡子零件看似简单，实际上它可以影响一台机器或者一台高精密设备的使用质量。就好比一件不经意的小事，因为没有做好甚至会影响自己的人生，所以我们对于小事更要做到完美，精益求精。

【建议预习内容】

矫正、弯曲及孔类加工技能模块。

【思政小课堂】

请浏览央视网，观看“超级新闻场”——励志！26年苦心钻研 普通钳工磨炼成大国工匠。

班级:______________ 姓名:______________ 学号:______________

【引导问题】

微课

矫正

1. 钳工手工矫正的方法有____________种。

2. 矫正主要是针对____________的材料进行加工的。

3. 材料经过弯曲后，中性层在变形前后长度____________。

4. 金属材料变形有____________变形和____________变形两种。

5. 消除材料的____________、____________和____________等缺陷的加工方法叫矫正。

6. 材料弯曲变形的大小与哪些因素有关？

7. 常用的弯形方法包括哪两种？简单叙述它们的加工方法？

8. 怎样矫正薄板中间凸、凹的变形？

9. 简述钻床钻孔时，孔径扩大的原因。

【拓展问题】

通过观看“励志！26年苦心钻研 普通钳工磨炼成大国工匠”，郑志明手工锉削的精度可以达到多少毫米？

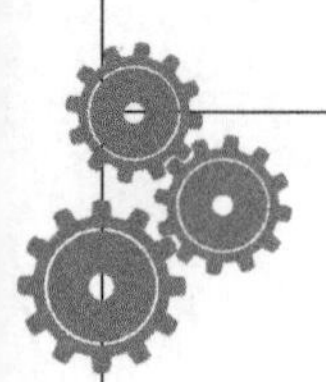

【任务内容】

根据图纸，使用给定毛坯，合理设计加工工艺，完成零件加工，限时40分钟。

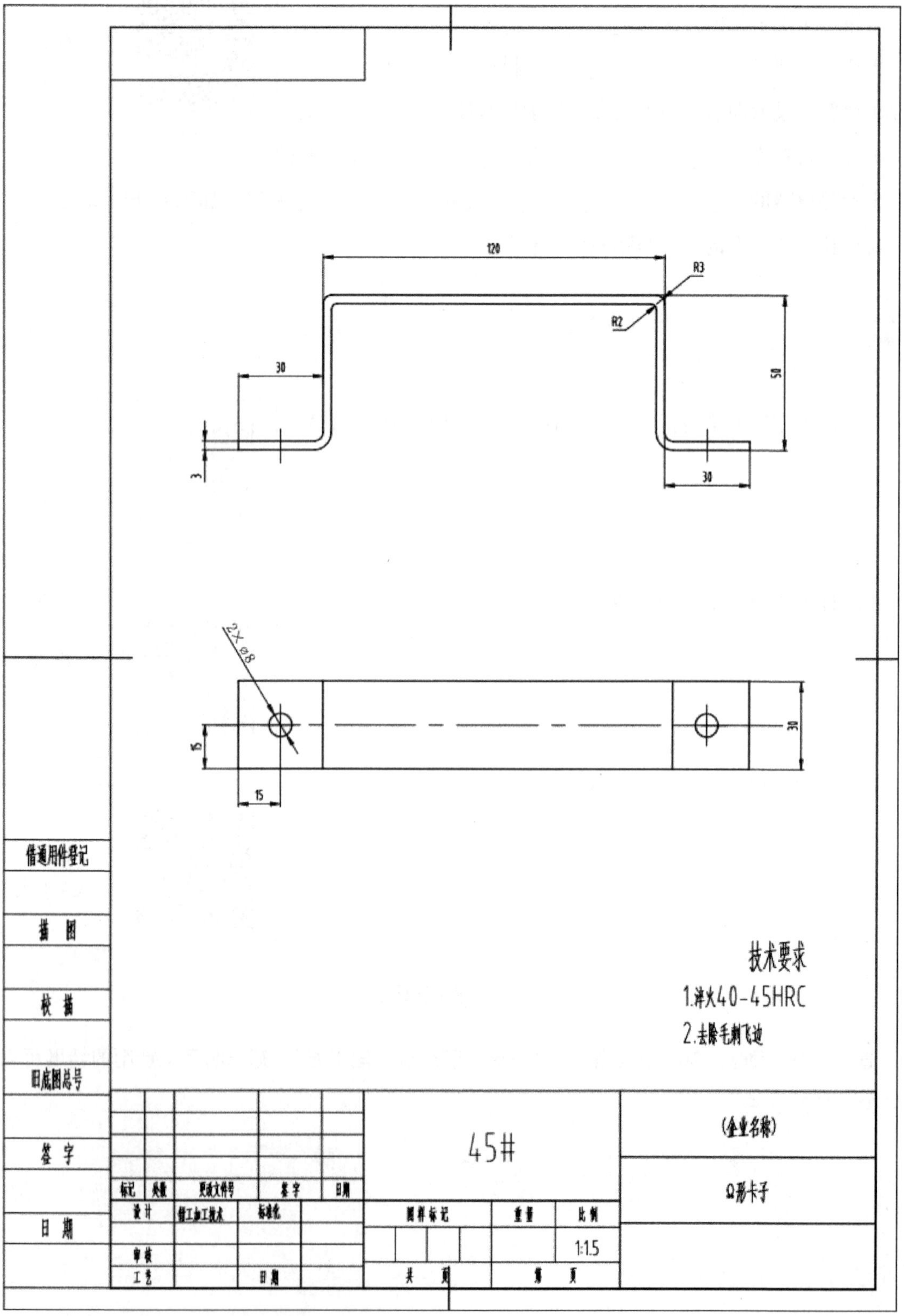

120 R3 R2 30 50 3 30

2×Ø8 15 15 30

技术要求

1.淬火40-45HRC

2.去除毛刺飞边

借通用件登记

描图

校描

旧底图总号

签字

日期

标记	处数	更改文件号	签字	日期	45#	(企业名称)
设计	钳工加工技术	标准化				Ω形卡子
					图样标记 / 重量 / 比例 1:1.5	
审核						
工艺		日期			共 页 / 第 页	

【任务指导】

一、图样分析

待加工零件为Ω形卡子，材料45#钢，整体结构为弓形板类零件，两端中央处需钻孔。

二、检查毛坯

1.毛坯为扁铁，零件总长度为180 mm，宽度为30 mm，零件两端分别需要弯曲50 mm，因此，钢板尺寸应不小于280 mm × 30 mm × 3 mm。

2.检查毛坯表面是否有铸造形成的气孔、缩松等缺陷。

3.检查毛坯是否有变形、裂纹等缺陷。

三、处理毛坯

1.去除表面飞边及毛刺等。

2.清理表面氧化皮、油污、铁屑及灰尘。

四、加工

1.加工零件孔。

（1）按照图纸要求，使用划规在板件两端中心处画直径为$\phi 8$ mm的圆形。

（2）在圆心处冲眼。

（3）如图3-4-1所示，使用$\phi 8$ mm的钻头钻出通孔。

（4）去除钻孔后留下的飞边与毛刺。

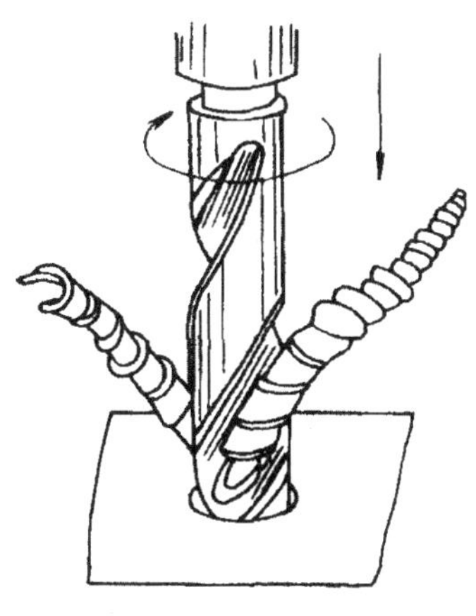

图3-4-1　钻孔

2.划线。

（1）涂色。表面均匀涂抹红丹粉溶剂，便于画出清晰的线条。

（2）将板件的两小端面分别作为划线基准面，利用高度游标尺分别量取80 mm并划线（*A*、*B*棱边）。

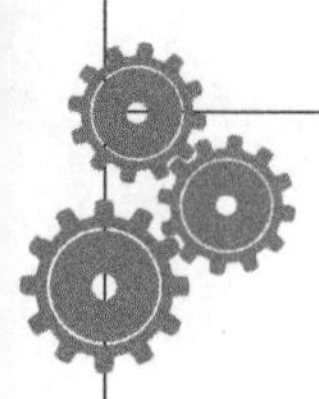

（3）再以板件的两小端分别作为划线基准面，利用高度游标尺分别量取30 mm并划线（*C*棱边）。

3.弯曲Ω形卡子表面。

（1）将板件正确夹持在台虎钳上，要求平稳不歪斜。

（2）如图3-4-2所示，将板件一端80 mm划线处（*A*棱边）夹持在钳口上，调整好尺寸后夹紧。

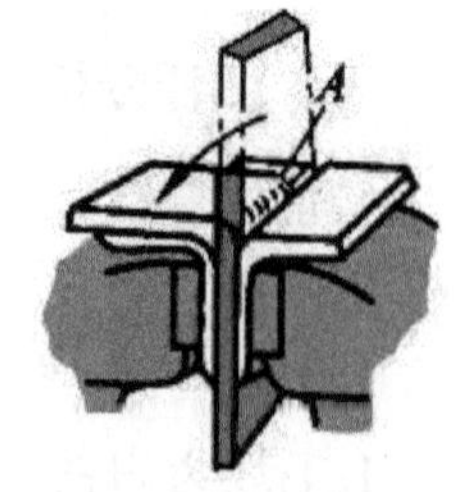

图3-4-2　加工*A*面

（3）使用手锤轻轻锤击被夹持板件的根部，直至加工到图纸指定角度即可。

（4）如图3-4-3所示，利用辅助工具再夹持板件另一端80 mm划线处（*B*棱边）调整好尺寸后夹紧，同样用手锤轻击板件根部，达到零件指定角度尺寸。

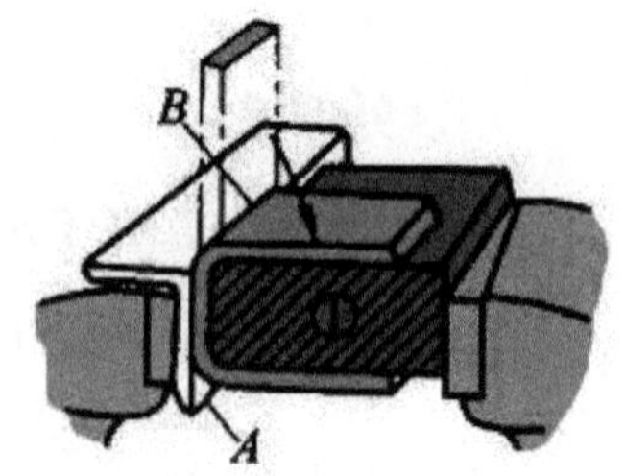

图3-4-3　加工*B*面

（5）如图3-4-4所示，将板件30 mm处（*C*棱边）夹持在钳口上，由于露出板件较短，因此可以在其表面上放置一个垫块，再用手锤锤击垫块，进而使零件达到图纸尺寸。

图3-4-4　加工*C*面

五、尺寸检查

检查各尺寸是否符合图纸要求。

六、注意事项

1.划线时须将针尖刃磨锋利，保证画出的线条清晰均匀。

2.在弯曲板件时，如果工件较长，切记不要锤击板件端部，以免零件变形，要轻击板件根部，进而达到相应尺寸。

3.钻孔时工件必须夹紧，若出现事故必须第一时间断电。

班级:______________ 姓名:______________ 学号:______________

【任务实施】

根据图纸，合理设计加工工艺，将加工步骤补充完整，要求工艺合理，具有一定的创新性。

一、时间

30分钟。

二、坯料准备

1. 钢板，尺寸为ϕ280 mm × 30 mm × 3 mm，材料为45#。

2. 坯料的检查与处理:

____

____

____

三、工具准备

1. 设备:____

2. 量具:____

3. 划线工具:____

4. 加工工具:____

四、划线

1. 涂色:____

2. 确定划线基准:____

____

____

____

3. 划线工作:____

____

____

____

4. 检查线条:____

____

____

____

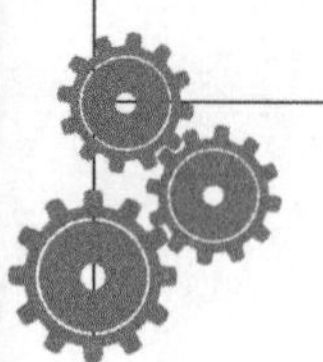

五、加工

六、注意事项

1.正确分析图纸，合理选择划线基准，合理选择工、量、检具保证零件加工精度。

2.正确使用各种工具，如出现违规操作或损坏工、量具的需进行赔偿并扣除平时成绩。

3.注意职业道德及规范，注重培养精益求精的工匠精神和团队协作的职业精神。

Ω形卡子制作任务评分表

班级:______________　　姓名:______________　　学号:______________

序号	名称	考核要求	配分	评分标准	自评	得分
1	识图	看懂图纸，正确解释文字、符号的意义，正确画出加工界线	5	①解释文字、符号意义错误，每个扣1分 ②划线错误，每处扣1分		
2	选择材料	正确选择材料	10	①材质不符合要求扣5分 ②几何尺寸不当扣5分		
3	选用量具、仪器	按给定考件正确选择和使用检测量具、仪器	10	①错误选择检测量具、仪器扣5分 ②使用方法不正确扣2分		
4	选用工、器具	正确选择和使用工、器具，操作姿势规范	10	①工、器具选择不正确扣1分 ②工、器具使用方法不正确，操作姿势不规范均扣2分		
5	矫正与弯曲工艺操作	按给定图纸和工件正确操作，质量符合标准和图纸要求，按时完成	60	①外形尺寸每超差1.0 mm扣10分 ②角度每超差1°扣10分		
6	安全与文明生产	执行国家有关部委、行业及本企业电工安全规程、试行规范、条例，与职业道德有关等内容	5	①违反安全技术规程和安全操作规程，每项扣1分 ②操作现场工、器具和仪表、材料摆放不整齐扣5分		
总分						

评分人:　　　　日期:

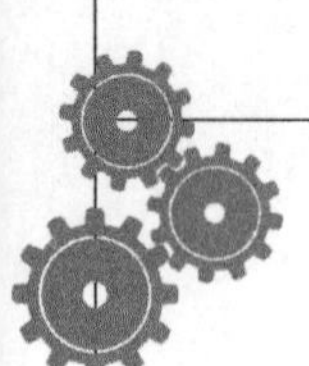

班级:____________ 姓名:____________ 学号:____________

【总结与反思】

1.请分析你在此次任务中的工艺改进和技术优化。

____

____

____

____

____

____

____

____

____

____

2.分析此次任务中的失误，并针对失误提出解决方法。

____

____

____

____

____

____

____

____

____

____

岗位四　典型机构拆装

工作任务一　减速器的拆卸

【任务描述】

本任务根据给定产品，使用合适拆卸工具，完成产品的拆卸工作。要求拆卸方法得当，零件摆放合理。

【学习目标】

>> 知识目标 <<

1. 掌握常用传动机构的传动原理。
2. 掌握常用连接结构的连接原理及拆卸方法。
3. 掌握零件配合的三种性质。
4. 掌握测量的基本知识。

>> 技能目标 <<

1. 能够正确分析产品，正确分析传动原理及配合性质。
2. 能够根据配合性质合理选择拆卸方法。
3. 能够正确选用合适的工具完成拆卸任务。
4. 能够实现规范操作，具有安全操作意识。

>> 思政育人目标 <<

优秀的产品不是一个人能够完成的，需要团队成员的共同奉献，要心往一处想、劲往一处使。培养学生的奉献意识及团队协作能力。

【建议预习内容】

常用连接机构模块。

【思政小课堂】

请浏览央视网，观看“共度晨光”——张学海：分毫不差　一路向“钳”。

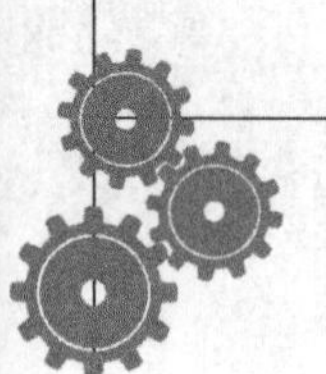

班级:____________　　姓名:____________　　学号:____________

【引导问题】

1.零部件的配合性质有____________、____________和____________。

2.常用的连接机构有____________、____________等。

3.螺纹连接的装拆工具有扳手和旋具两大类，常用的扳手有____________、____________、____________、____________、____________、____________等。

4.螺纹连接的种类有____________、____________、____________、____________、____________五种。

5.螺纹连接出现生锈，无法拆下如何解决?

6.常用的拆卸方法有哪些?

7.过盈连接如何拆卸?

8.为什么拆卸螺栓应该尽量使用开口扳手而不使用活动扳手?

【拓展问题】

通过观看“张学海：分毫不差 一路向‘钳’”，张学海技艺高超的要诀可以用一个词概括，这个词是什么?

【任务内容】

给定减速器产品，分析结构，完成拆卸任务。要求工具选择正确，拆卸方法合理，限时30分钟。

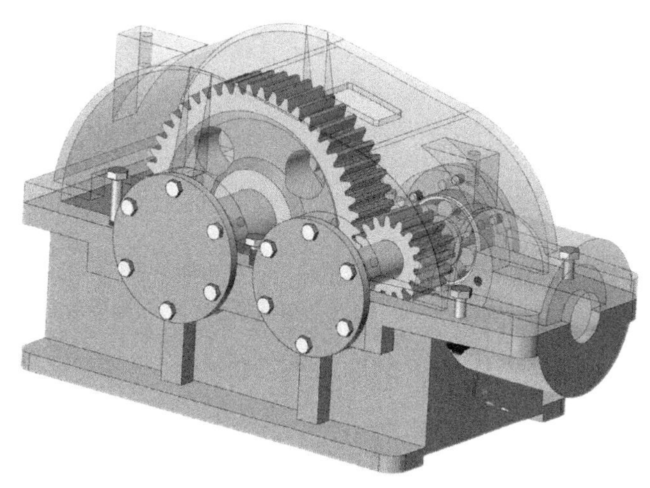

【任务指导】

一、产品分析

待拆卸产品为一级减速器，须拆除的连接零件包括M5、M6螺栓，30250及30303圆锥滚子轴承，须准备开口扳手及三抓拉马等拆卸工具。

二、拆卸前的准备工作

1.仔细分析产品结构，分析各零件结构，零件之间的配合性质及传动原理。对于不清楚的结构，应查阅有关图样资料，搞清装配关系、配合性质，尤其是紧固件位置和退出方向。否则，要边分析判断，边试拆，有时还需设计合适的拆卸夹具和工具。

2.根据各零件的连接性质，确定拆卸方法。

（1）减速器端盖与箱体通过螺栓实现连接。

（2）箱体上下部分采用螺栓实现连接。

（3）轴承内圈与轴采用过盈配合实现连接常用的拆卸方法有击卸法、拉拔法、顶压法、温差法、破坏法等。

3.准备工具。

8 mm开口扳手；10 mm开口扳手；4" 三抓拉马；14 mm开口扳手。

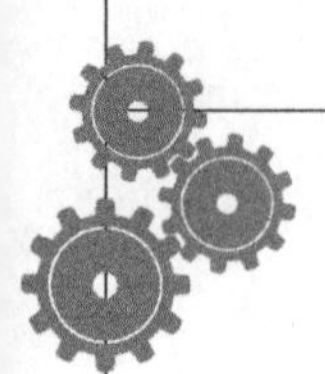

4.确定拆卸顺序。

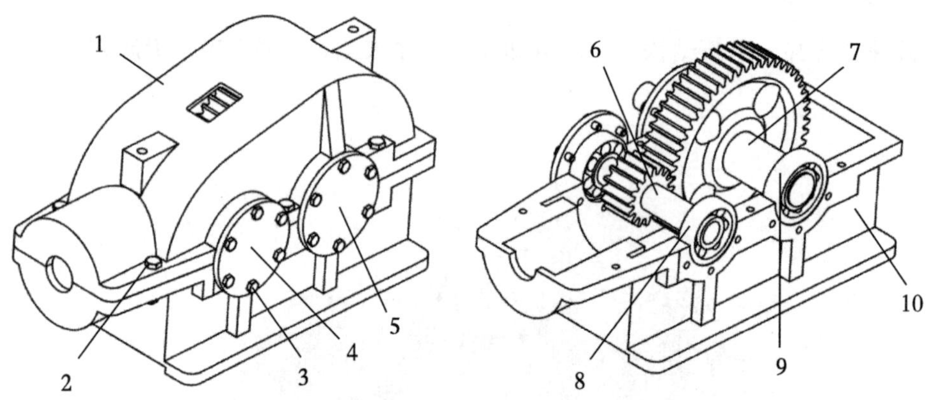

1-上壳体 2-壳体螺栓 3-端盖螺栓 4-主动轴端盖 5-从动轴端盖
6-主动齿轮轴 7-从动齿轮轴 8-主动轴轴承 9-从动轴轴承 10-下壳体

图4-1-1 减速器结构图

根据结构分析确定拆卸顺序：端盖螺栓 ×24→端盖 ×4→壳体螺栓 ×6→上壳体→主动齿轮轴→主动轴轴承→从动齿轮轴→从动轴轴承。

三、拆卸工作

1.使用8 mm开口扳手，分别拆卸4个轴承端盖螺栓3。拆卸时注意，端盖螺栓属于成组螺栓，应首先将各螺栓拧松1~2圈，然后按照先中间后周围、中心对称的顺序拆卸。

2.拆下轴承端盖4，将端盖与安装螺钉按照拆卸的位置，合理、有序摆放。

3.使用10 mm开口扳手，拧松壳体螺栓2，拆下上壳体并稳妥摆放在合适位置。

4.拆下主动轴，使用三抓拉马拆下两端轴承，同时将主动轴与轴承按照安装位置有序摆放。使用三爪拉马从轴上拆下轴承时注意，拉马必须钩住轴承内圈方可拆卸。

5.拆下从动轴，使用三抓拉马拆下两端轴承，同时将从动轴与轴承按照安装位置有序摆放。

6.将所有拆下的零件按照安装位置有序摆放，以便于后期安装时，零件安装位置不致混乱。

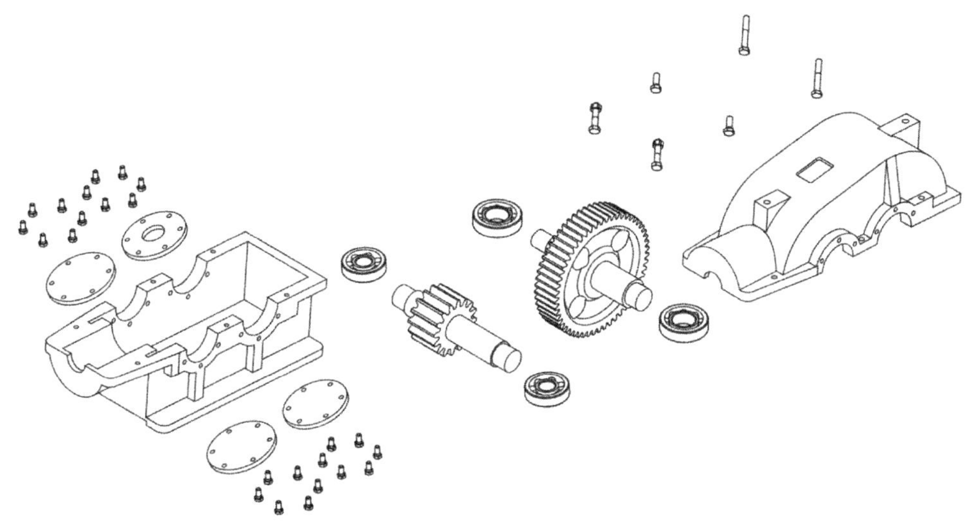

图4-1-2　拆下的零部件按照安装位置有序摆放

四、注意事项

1.做好个人防护，避免出现砸伤、割伤等安全事故。

2.操作务必规范，正确使用各种工具，用完后应及时放回工具箱，工具与零件不可乱摆、乱放。

3.拆卸方法合理、得当，不允许出现零部件损坏的情况。

4.不可使用大扳手拆卸小螺栓，不可在扳手上使用长钢管加力，避免出现螺栓滑丝的情况，若螺栓生锈，应使用煤油浸泡后再进行拆卸。

5.注重团队协作，分工应明确，相互配合，共同完成工作任务。

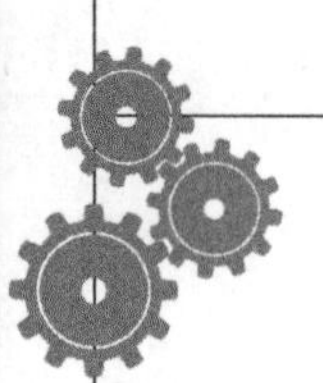

班级:____________　　姓名:____________　　学号:____________

【任务实施】

根据任务要求，合理设计拆卸工艺，将拆卸步骤补充完整，要求工艺合理，具有一定的创新。

一、时间

30分钟。

二、拆卸准备

根据图4-1-1，完成下面拆卸准备工作。

1.场地及设备。

①工作场地应宽敞明亮，便于操作和测量读数；

②1500×1200 mm以上操作台一张，台面平整，有防护软垫。

2.工具准备。

①测量螺栓3六角头，测得尺寸为____________mm，确定拆卸扳手为____________mm；

②测量螺栓2六角头，测得尺寸为____________mm，确定拆卸扳手为____________mm；

③测量主动轴轴颈直径为____________mm，观察主动轴轴承型号为____________，配合性质为____________，过盈量为____________mm，可使用____________进行拆卸。

④测量从动轴轴颈直径为____________mm，观察从动轴轴承型号为____________，配合性质为____________，过盈量为____________mm，可使用____________进行拆卸。

⑤须准备的工具有：____

____

____

____

3.防护用品准备。

工作服、劳保鞋、线手套、防护目镜等。

三、拆卸工作

1.分析结构，确定拆卸顺序。

____

____

____

____

____

2. 具体拆卸流程。

____

____

____

____

____

____

____

____

____

四、注意事项

1. 正确分析产品结构和传动原理，正确分析各零件配合性质，合理选择拆卸方法。

2. 合理运用拆卸方法，做到规范操作。

3. 注意职业道德及规范，注重培养精益求精的工匠精神和团队协作的职业精神。

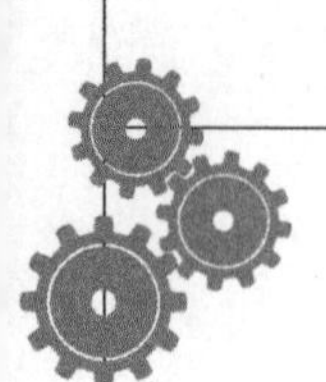

减速器拆卸任务评分表

班级:______ 姓名:______ 学号:______

内容	序号	考核要求	配分	评分标准	自评	得分
减速器拆卸	1	工具规格、数量选择正确	15	选错或者漏选工具，每件扣5分		
	2	拆卸顺序正确	15	拆卸顺序每错一步扣5分		
	3	拆卸方法选择正确	20	每处拆卸方法错误扣4分		
	4	工具摆放规范	20	每次工具摆放不规范扣4分		
	5	零件摆放规范合理	20	每次零件摆放不规范、不合理扣4分		
其他	6	安全文明实训	10	违者视情节轻重扣1~10分		
总分						

评分人: 日期:

班级:______________ 姓名:______________ 学号:______________

【总结与反思】

分析此次任务中的失误，并针对失误提出解决方法。

____

____

____

____

____

____

____

____

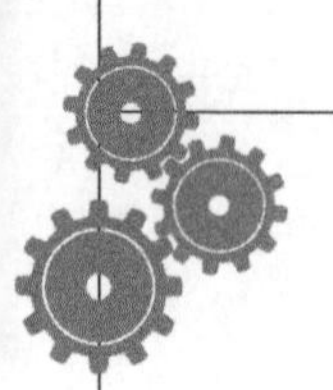

工作任务二　减速器的装配

【任务描述】

本任务根据给定产品，使用合适装配工具，完成产品的装配工作。要求装配方法得当，零件摆放合理。

【学习目标】

>> 知识目标 <<

1. 掌握常用传动机构的传动原理。
2. 掌握常用连接结构的连接原理及装配方法。
3. 掌握四种常用装配方法。
4. 掌握测量的基本知识。

>> 技能目标 <<

1. 能够正确分析产品，正确分析传动原理及配合性质。
2. 能够根据配合性质合理选择装配方法。
3. 能够正确选用合适的工具完成装配任务。
4. 能够实现规范操作，具有安全操作意识。

>> 思政育人目标 <<

在产品生产过程中，装配是非常重要的一个环节，若装配工艺不合理，即使零件精度很高，依然会因为装配误差使产品无法达到应有的性能，所以我们在产品生产的各个环节都应该精益求精，力求完美，这样才能生产出优秀的产品。

【建议预习内容】

常用机构的装配模块。

【思政小课堂】

请浏览央视网，观看“艺览天下”——不一般的钳工。

班级:____________　　姓名:____________　　学号:____________

【引导问题】

1. 装配工作可以分为__________和__________。

2. 装配工艺过程包括__________、__________、__________、__________。

3. 尺侧间隙的检验方法有__________和__________两种。

4. 装配前的准备工作有哪些?

5. 齿轮传动装配技术要求是什么?

7. 双头螺柱的装配要点是什么?

8. 螺母、螺钉的装配要点是什么?

【拓展问题】

通过观看“不一般的钳工”，盛师傅一共在鸡蛋的外壳上钻了几个孔，鸡蛋内膜没有破?

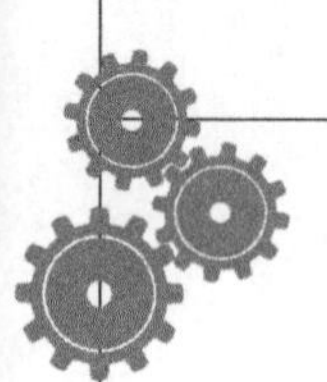

【任务内容】

给定减速器产品，分析结构，完成装配任务。要求工具选择正确，装配方法合理，装配精度符合要求，限时120分钟。

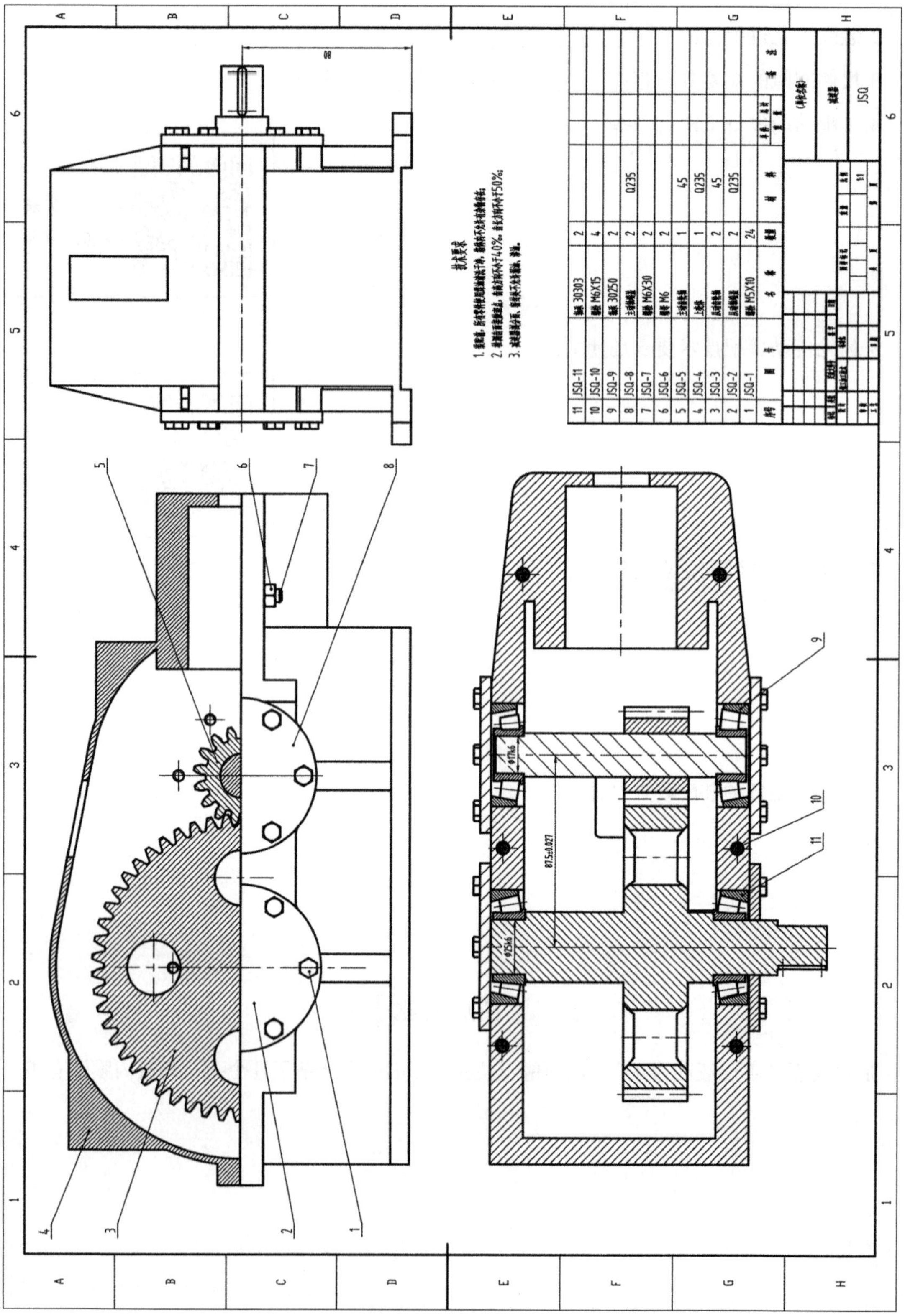

序号	代号	名称	数量	材料
11	JSQ-11	[illegible] 30303	2	
10	JSQ-10	[illegible] M6X15	4	
9	JSQ-9	[illegible] 30250	2	
8	JSQ-8	[illegible]	2	Q235
7	JSQ-7	[illegible] M6X30	2	
6	JSQ-6	[illegible] M6	2	
5	JSQ-5	[illegible]	1	45
4	JSQ-4	[illegible]	1	Q235
3	JSQ-3	[illegible]	2	45
2	JSQ-2	[illegible]	2	Q235
1	JSQ-1	[illegible] M5X10	24	

【任务指导】

一、产品分析

待装配产品为一级直齿圆柱齿轮减速器，装配完毕后须保证主轴的回转精度，轴颈与轴承的配合精度，两主轴的中心距，两齿轮的啮合精度等。

二、装配前的准备工作

1.仔细分析产品结构，分析各零件结构，零件之间的配合性质及传动原理。对于不清楚的结构，应查阅有关图样资料，搞清装配关系、配合性质，尤其是紧固件的位置和装配方向，确定各零、部件间的配合精度。

2.根据各零件的连接性质，确定装配方法。

（1）减速器端盖与箱体通过螺栓实现连接。

（2）箱体上下部分采用螺栓实现连接。

（3）轴承内圈与轴采用过盈配合实现连接。

常用的装配方法有击卸法、拉拔法、顶压法、温差法、破坏法等。

3.准备工具。

（1）工具：8 mm开口扳手，10 mm开口扳手，14 mm开口扳手，$\phi 30 \times 150$ mm紫铜棒，检验芯轴，V形铁等。

（2）量具：游标卡尺，百分表。

4.零件检测。

（1）齿轮轴检测。

①测量齿轮径向圆跳动。

动画
齿轮圆跳动的检验

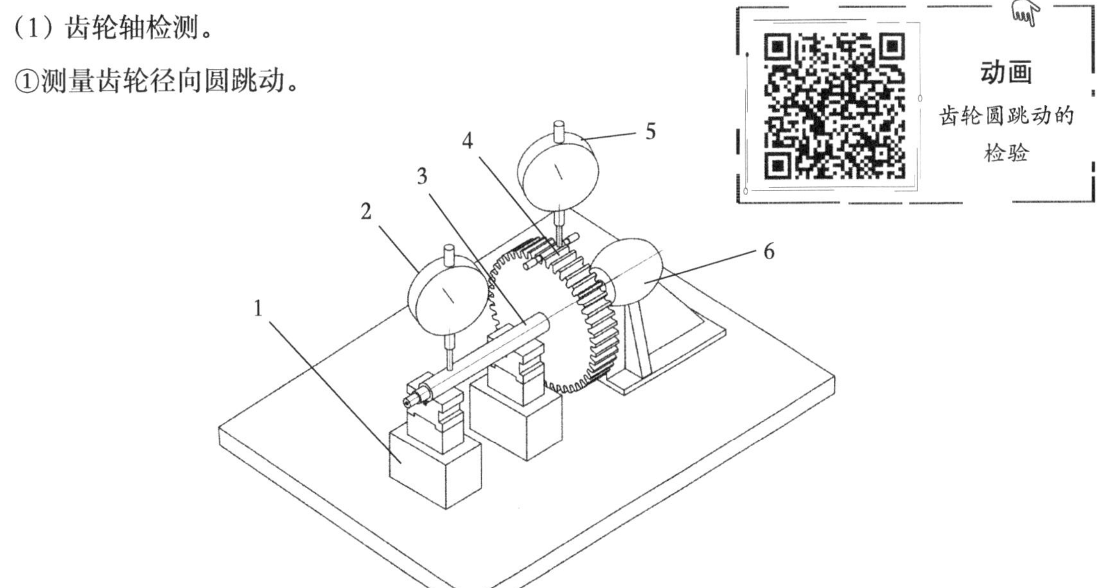

1-V形铁　2-百分表　3-齿轮轴　4-圆柱规　5-百分表　6-顶尖

图4-2-1　使用百分表检测齿轮轴径向圆跳动

岗位四　典型机构拆装

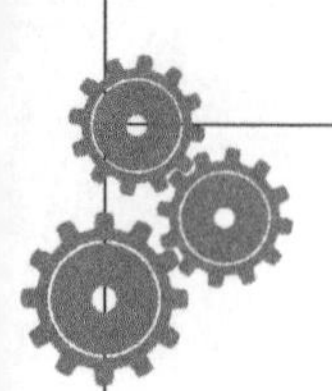

由于齿轮的径向圆跳动指的是齿廓径向跳动量，因此在检测齿轮径向圆跳动时不可检测齿尖处的跳动量。检测齿廓径向跳动量的方法如图4-2-1所示，将齿轮轴3摆放在V形铁上，使轴线与平板平行，右侧使用顶尖6顶住轴端中心孔，保证齿轮轴在回转时不产生径向窜动。将百分表5触头抵在轮齿间的圆柱规4上，记录下百分表的数据，转动齿轮轴，每间隔3~4齿，使用百分表检测一次。在齿轮旋转一周内，百分表记录下的最大读数与最小读数之差即为齿轮的径向圆跳动误差。

②测量齿轮轴的端面圆跳动误差。

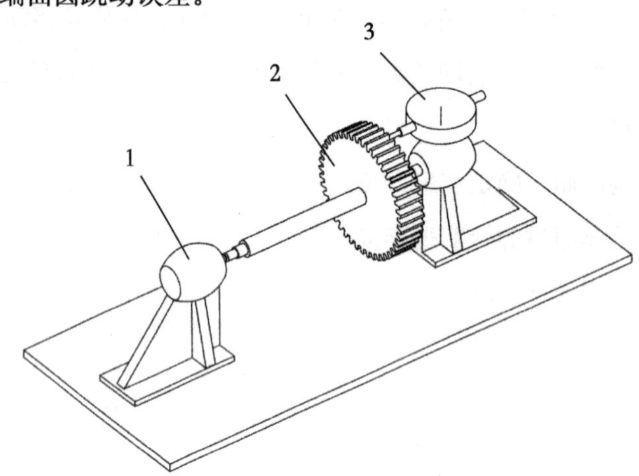

1-顶尖　2-齿轮轴　3-百分表

图4-2-2　使用百分表检测齿轮轴端面圆跳动

如图4-2-2所示，将齿轮轴两端使用顶尖顶住，百分表触头接触齿轮端面，保持1~2 mm预压，转动齿轮轴，同时记录百分表的数据。在齿轮旋转一周内，百分表记录下的最大读数与最小读数之差即为齿轮的端面圆跳动误差。

（2）箱体检测。

①孔距的检验。

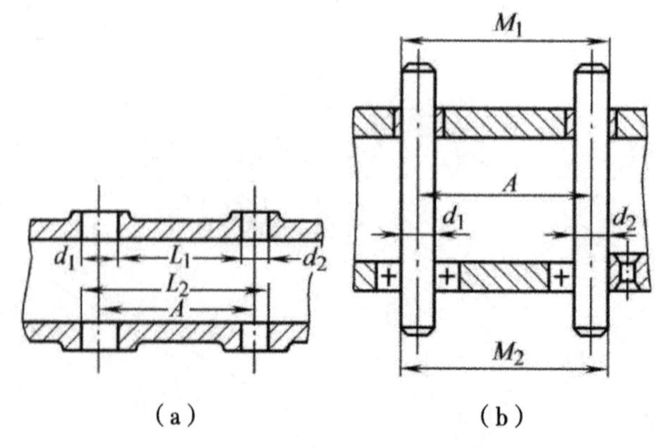

图4-2-3　箱体孔距误差的检验

孔距是影响齿轮安装中心距及齿侧间隙的主要因素，应保证孔距在规定的误差范围内。孔距的测量方法如图4-2-3（a）（b）所示，利用游标卡尺测得d_1，d_2以及L_1，L_2，M_1，M_2然后计算中心距。

$$A=L_1+\left(\frac{d_1+d_2}{2}\right) \quad A=L_2-\left(\frac{d_1+d_2}{2}\right)$$

图4-2-3（b）是用游标卡尺及心棒测量孔距。

$$A=\frac{M_1+M_2}{2}-\frac{d_1+d_2}{2}$$

②孔轴线与基面距离尺寸精度和平行度检验，如图4-2-4所示。

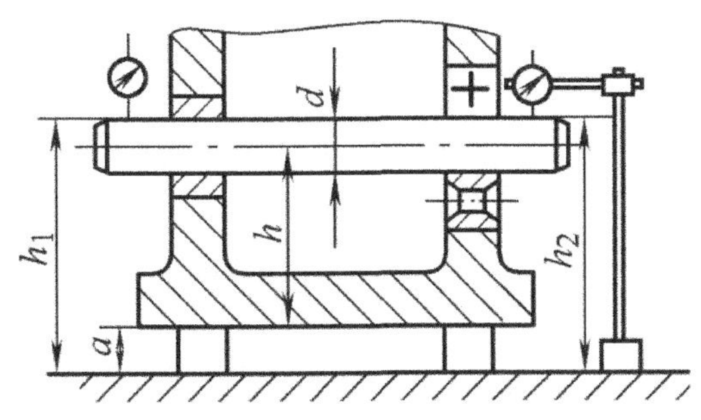

图4-2-4　孔轴线与基面的距离

③孔中心线与端面垂直度检验，如图4-2-5所示。

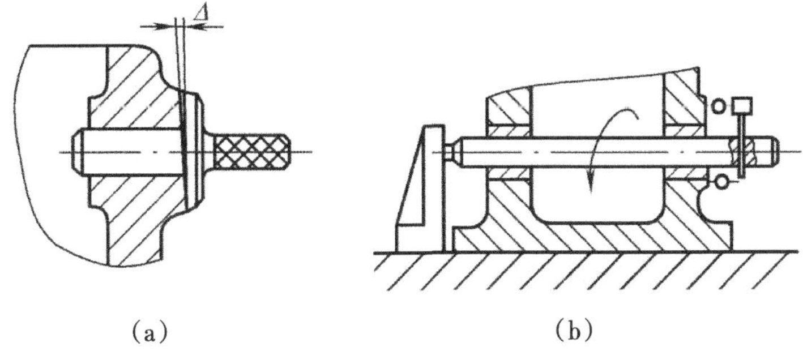

图4-2-5　孔中心线与端面垂直度误差的检验

三、装配工作

1.安装主动轴部件。

如图4-2-6所示，将两个30250轴承安装至主动轴轴颈处，安装轴承时，带有编号的一端必须安装在外侧，以便于后期更换轴承时容易识别。主动轴轴颈与轴承为过渡配合，安装时可借助铜棒，采用锤击法进行安装。锤击时注意锤击点应落在内圈上，如果锤击点在外圈，则锤击力会通过滚动体传递给内圈，则会导致滚动体或者滚道变形，影响主轴回转精度，同时会加剧轴承磨损。

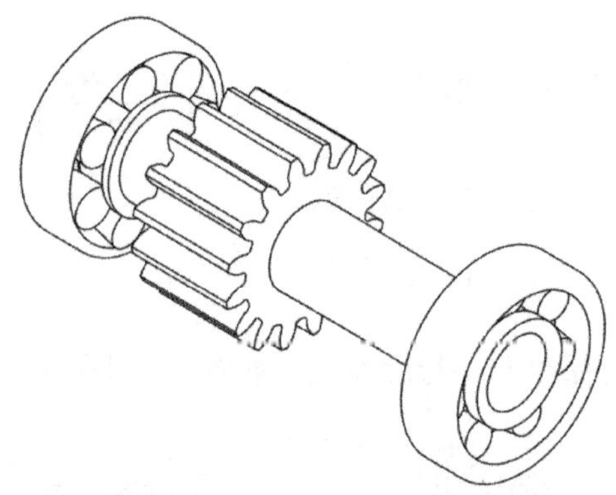

图4-2-6 主动轴安装轴承

2. 安装从动轴部件。

如图4-2-7所示，将两个30303轴承安装至主动轴轴颈处，安装方法与要求与主动轴类似。

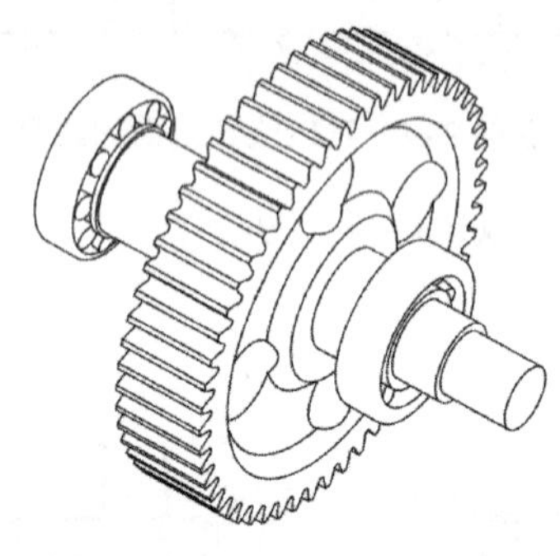

图4-2-7 从动轴安装轴承

3. 将主动轴部件、从动轴部件装入下壳体。

如图4-2-8所示，将主动轴部件及从动轴部件，按照正确的方向装入下壳体。安装时注意配合表面务必擦拭干净，不能有铁屑、丝线等杂质。

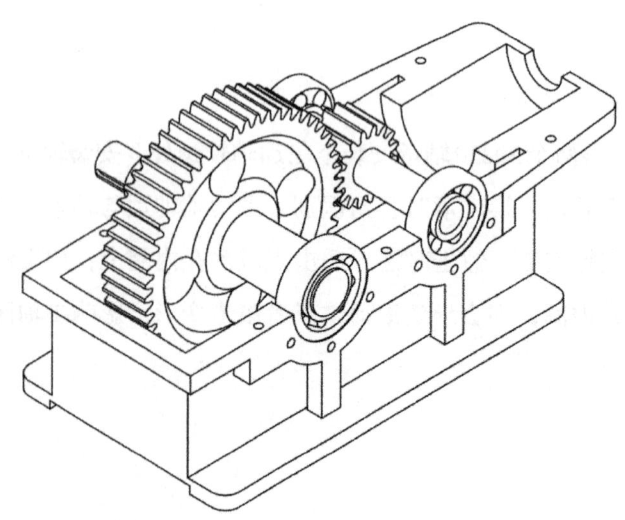

图4-2-8 将主动轴部件、从动轴部件装入下壳体

4.安装上壳体。

将上下壳体对正、装好，注意安装面的清洁工作，搬动过程中注意安全，避免磕碰。正确安装2个M6 × 30、4个M6 × 15壳体螺钉。

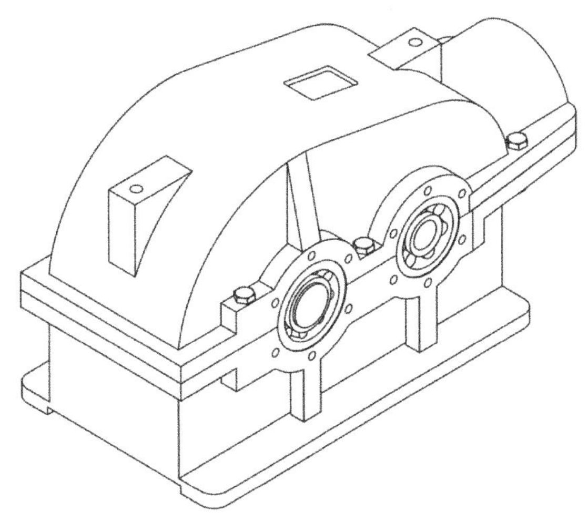

图4-2-9　安装上壳体

5.安装端盖。

正确安装4个轴承端盖，每个端盖装好6个M5 × 10螺钉。为保证被连接件均匀受压，互相紧密贴合，连接牢固，成组的六个螺钉应按照对称原则顺次拧紧，在精度要求较高时，还可分2~3次拧紧，拧紧顺序如图4-2-10所示。

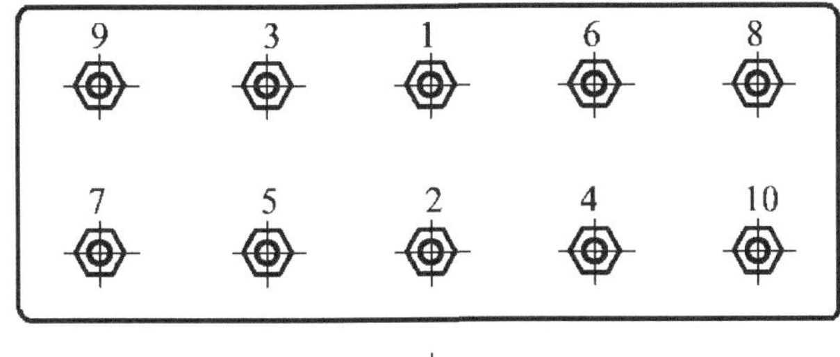

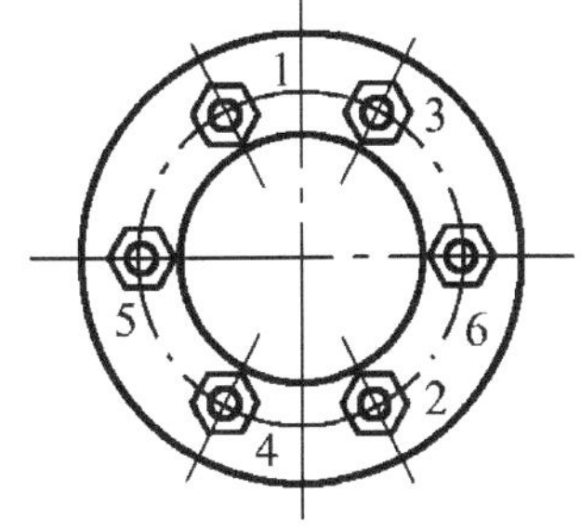

图4-2-10　拧紧成组螺母时的顺序

四、啮合精度检验

1.常用齿侧间隙的检验方法。

（1）铅丝检验法。

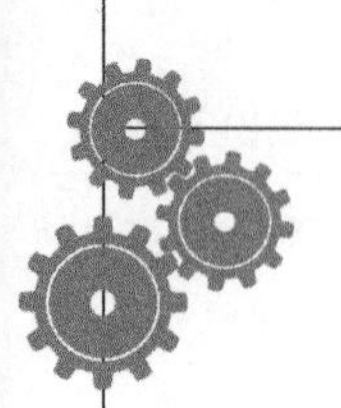

齿侧间隙最直观、最简单的检验方法就是压铅丝法。如图4-2-11所示，将直径为侧隙1.25~1.5倍的软铅丝用油脂粘在小齿轮上，铅丝长度不应少于5个齿距，为使齿轮啮合时有良好的受力状况，应在齿面沿齿宽两端平行放置两条铅丝。转动齿轮测量铅丝挤压后相邻的两较薄部分的厚度之和即为齿侧间隙（简称侧隙）。

铅丝

图4-2-11 用压铅丝法检测齿侧间隙

（2）百分表检验法

测量时将百分表触头直接抵在一个齿轮的齿面上，固定住另一齿轮。将接触百分表触头的齿从一侧啮合迅速转到另一侧啮合，百分表上的读数差值即为侧隙。

2.接触精度的检验

接触精度的主要指标是接触斑点，其检验一般用涂色法。将红丹粉涂于主动齿轮齿面上，转动主动齿轮并使从动齿轮轻微转动后，即可检查其接触斑点，对双向工作的齿轮，正反两个方向都应检查。

齿轮上接触印痕的面积大小，应该随齿轮精度而定。一般传动齿轮（9~6级精度）在轮齿的高度上接触斑点应不少于30%~50%，在轮齿的宽度应不少于40%~70%，其分布的位置应是自节圆处上下对称分布。

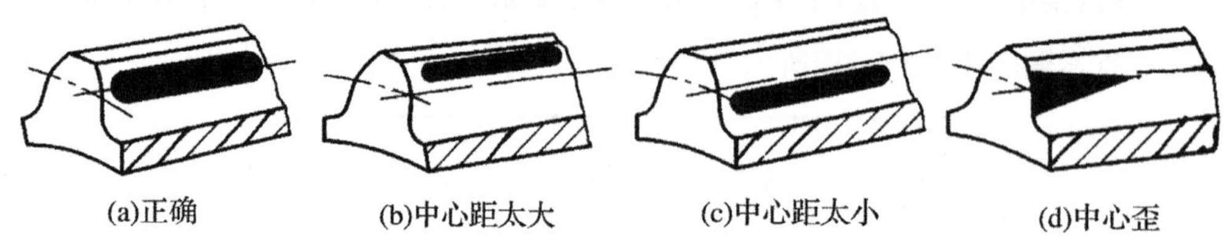

图4-2-12 圆柱齿轮接触斑点的位置

通过接触斑点的位置及面积的大小，可以判断装配时产生误差的原因。影响齿轮接触精度的主要因素是齿形精度及安装是否正确。当出现接触斑点位置正确，而面积太小时，是由于齿形误差太大所致。应在齿面上加研磨剂并使两轮转动进行研磨，以增加接触面积。

五、注意事项

1.做好个人防护，避免出现砸伤、割伤等安全事故。

2.操作务必规范，正确使用各种工具，用完后应及时放回工具箱，工具与零件不可乱摆、乱放。

3.装配方法合理、得当，不允许出现零部件损坏的情况。

4.不可使用大扳手拆卸小螺栓，不可在扳手上使用长钢管加力，避免出现螺栓滑丝的情况。

5.注重团队协作，分工明确，相互配合，共同完成工作任务。

班级:____________　　姓名:____________　　学号:____________

【任务实施】

根据任务要求，合理设计装配工艺，将装配步骤补充完整，要求工艺合理，具有一定的创新。

一、时间

120分钟。

二、拆卸准备

根据装配图纸，完成下面装配准备工作。

1.场地及设备。

(1) 工作场地应宽敞明亮，便于操作和测量读数。

(2) 1500 × 1200 mm以上操作台一张，台面平整，有防护软垫。

(3) 600 × 400 mm划线平台一个。

2.工具准备。

(1) 测量轴承端盖螺栓六角头，测得尺寸为________mm，确定装配扳手为________mm；

(2) 测量箱体螺栓六角头，测得尺寸为__________mm，确定装配扳手为__________mm；

(3) 测量主动轴轴颈直径为____________mm，观察主动轴轴承型号为____________，配合性质为___________，过盈量为___________mm，可使用___________进行装配。

(4) 测量从动轴轴颈直径为____________mm，观察从动轴轴承型号为____________，配合性质为___________，过盈量为___________mm，可使用___________进行装配。

(5) 测量轴承孔直径，主动轴为____________mm，从动轴为____________mm，确定检验芯轴直径分别为___________mm和___________mm。

(6) 须准备的工、量、检具有:____

____

____

3.防护用品准备。

工作服、劳保鞋、线手套、防护目镜等。

三、零部件检验工作

1.齿轮轴检测，测得主动轴的径向圆跳动为_________mm，端面圆跳动为_________mm，测得从动轴的径向圆跳动为________mm，端面圆跳动为________mm。

2.箱体检测，测得箱体轴孔安装中心距为_______mm，轴孔与安装面间距为_______mm。

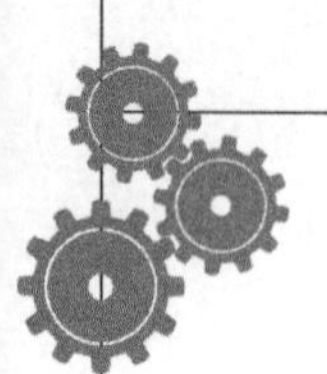

四、装配工作

1.分析结构，确定装配顺序，绘制装配单元系统图。

2.具体装配流程。

____

____

____

____

____

五、啮合精度检验

1.尺侧间隙检验，测得尺侧间隙为__________ mm。

2.接触精度检验，接触位置在轮齿_______（根、中、顶）部，接触面积在齿高上约______%、齿宽上约_________%，判断该接触面积是否符合图纸要求，若不符合，分析其原因并提出改进意见。

六、注意事项

1.正确分析产品结构和传动原理，正确分析各零件配合性质，合理选择装配方法。

2.合理运用装配方法，做到规范操作。

3.注意职业道德及规范，注重培养精益求精的工匠精神和团队协作的职业精神。

减速器装配任务评分表

班级：______　　姓名：______　　学号：______

内容	序号	考核要求	配分	评分标准	自评	得分
减速器拆卸	1	工具、量具规格、数量选择正确	10	选错或者漏选工具，每件扣2分		
	2	零件检验方法正确	10	每个部件检验错误扣5分		
	3	装配顺序正确	15	装配顺序每错一步扣5分		
	4	装配方法选择正确	20	每处装配方法错误扣4分		
	5	工具摆放规范	15	每次工具摆放不规范扣3分		
	6	装配精度达标	20	每处精度不达标扣2分		
其他	7	安全文明实训	10	违者视情节轻重扣1~10分		
总分						

评分人：　　　　日期：

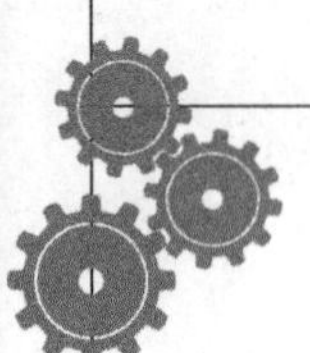

班级:____________　姓名:____________　学号:____________

【总结与反思】

分析此次任务中的失误，并针对失误提出解决方法。

岗位五　综合生产应用

工作任务一　鲁班锁的测绘

【任务描述】

设置项目小组，每组6名成员，设立组长1名，组长负责任务分配并协调组员互相配合完成测绘任务。

【学习目标】

>> 知识目标 <<

1. 钳工常用量具的用法。
2. 钳工常用量具的读数方法。
3. 测量数据处理的一般方法。
4. 视图的表达、绘制与标注方法。
5. 零件图的绘制方法。

>> 技能目标 <<

1. 能够正确使用量具完成具体尺寸的测量。
2. 能够正确处理和分析测量数据。
3. 能够正确分析零件结构并合理表达视图。
4. 能够完成零件图的绘制。
5. 能够实现规范操作，具有安全操作意识。

>> 思政育人目标 <<

生产中对于一些复杂的工程产品，不是由某一个人完成的，背后都有一个个设计团队、技术团队、生产团队、销售团队共同协作完成，通过此次团队任务，培养学生的协作精神。

【建议预习内容】

钳工常用量具技能模块。

【思政小课堂】

请浏览央视网，观看“国防科工”——魏红权　超精密机械手。

班级:____________　　姓名:____________　　学号:____________

【引导问题】

1.在量具使用前，应使用____________将量爪擦拭干净。

2.游标卡尺是____________手量具，使用时应使用____________手握持径向测量。

3.游标卡尺测量零件时，若量爪连线与被测表面倾斜，会导致测量结果偏____________。

4.为保证测量精度，消除偶然误差，通常同一个尺寸会多次测量，取____________值。

5.一张完整的零件图应包含____________、____________、____________和____________四部分构成。

6.绘图时，细实线应使用____________形铅笔，粗实线使用____________形铅笔。

7.游标卡尺的测量精度通常可以达到多少？如何判定？

8.游标卡尺的测量步骤是什么？

【拓展问题】

通过观看“魏红权 超精密机械手”，视频中魏红权加工的齿盘平面度和平行度误差要求达到多少？

【任务内容】

设置项目小组，每组6名成员，设立组长1名，组长负责任务分配并协调组员互相配合完成测绘任务，限时120分钟。

图5-1-1　鲁班锁产品示意图

图5-1-2　鲁班锁零件示意图

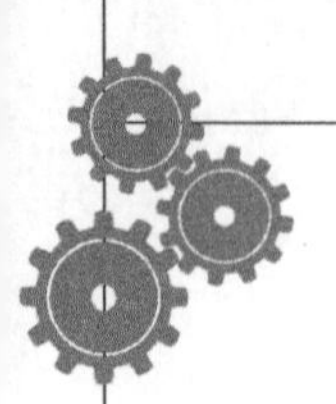

【任务指导】

一、任务分析

待测绘零件为鲁班锁零件，材质为木质。整体结构为正四棱柱，制有方形凹槽。

二、零件结构分析

1.零件总体尺寸约为20 × 20 × 100 mm。

2.结构上有方形凹槽。

三、测量准备工作

1.量具准备。

划线平台、量程0~125 mm，精度0.02 mm的游标卡尺一把。

2.工件清理。

使用干燥软布擦拭表面，表面不允许有灰尘、杂质。

四、测量注意事项

1.在使用量具前，用软布将量爪擦干净，使其并拢，查看游标和主尺身的零刻度线是否对齐。如果对齐就可以进行测量，如没有对齐则要记取零误差。游标的零刻度线在尺身零刻度线右侧的叫正零误差，在尺身零刻度线左侧的叫负零误差。

2.测量时，右手拿住尺身，大拇指移动游标，左手拿待测外径（或内径）的物体，使待测物位于外测量爪之间，当与量爪紧紧相贴时，即可读数。

3.测量长度尺寸时，两量爪的连线须垂直于被测表面，避免出现测量误差。

4.读数时，视线应与尺面保持垂直，避免出现读数误差。

5.实际测量时，应在不同部位多次测量，取平均值，减少测量误差。

6.量具使用完毕应将两量爪合并，并拧紧紧固螺钉，放入专用保护盒。若长期不用，应涂油防锈。

零件测量记录单1

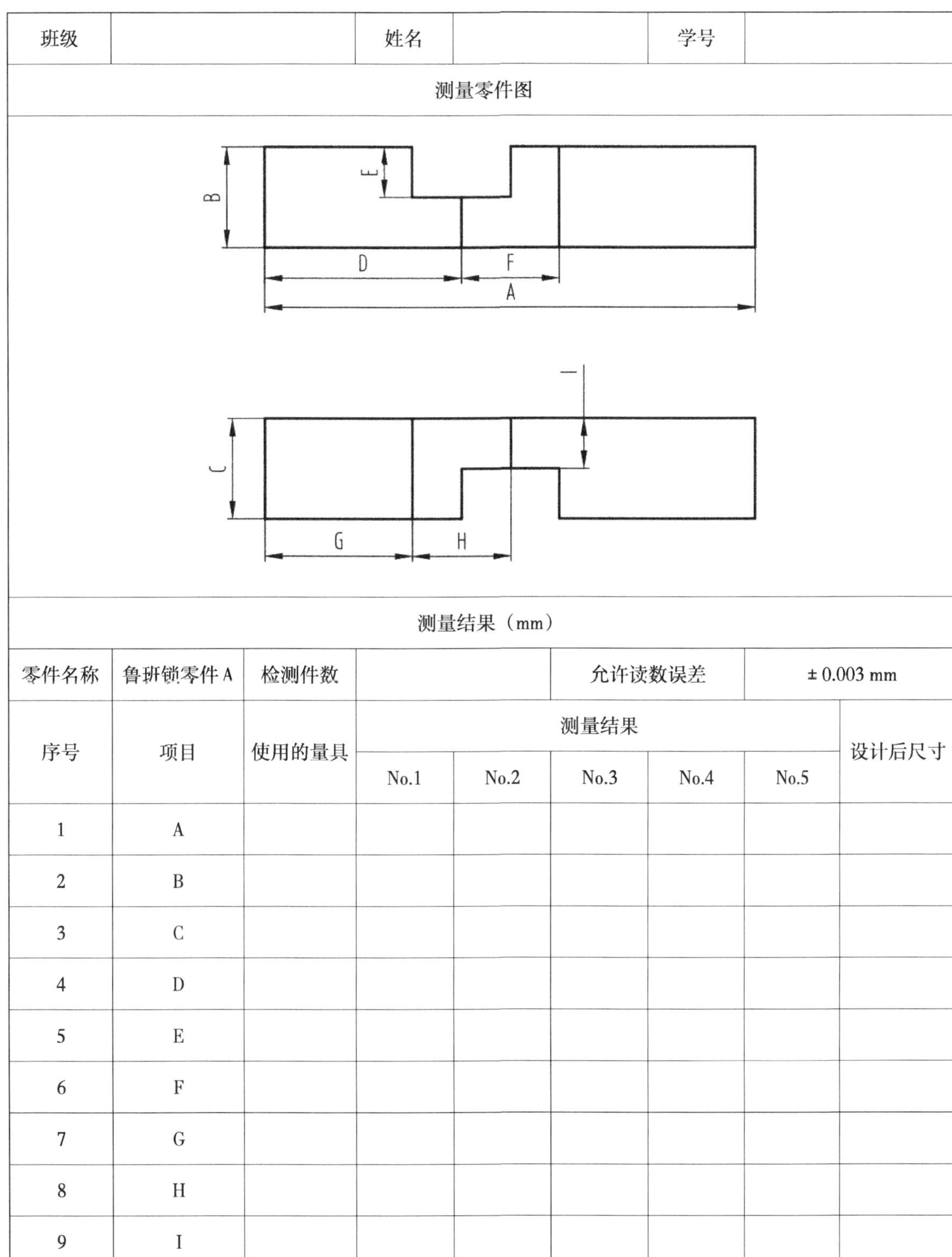

班级		姓名		学号	
测量零件图					
测量结果（mm）					
零件名称	鲁班锁零件 A	检测件数		允许读数误差	± 0.003 mm

序号	项目	使用的量具	测量结果					设计后尺寸
			No.1	No.2	No.3	No.4	No.5	
1	A							
2	B							
3	C							
4	D							
5	E							
6	F							
7	G							
8	H							
9	I							

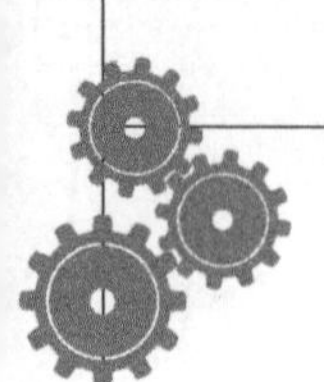

零件测量记录单2

班级		姓名		学号	

测量零件图

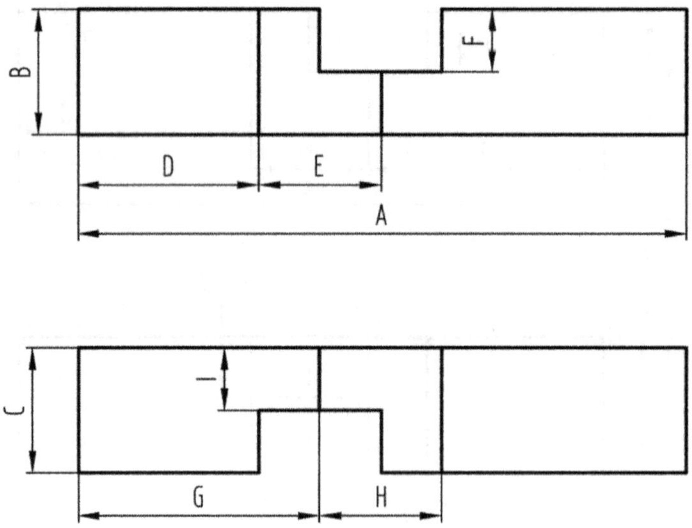

测量结果（mm）

零件名称	鲁班锁零件B	检测件数			允许读数误差		± 0.003 mm	
序号	项目	使用的量具	测量结果					设计后尺寸
			No.1	No.2	No.3	No.4	No.5	
1	A							
2	B							
3	C							
4	D							
5	E							
6	F							
7	G							
8	H							
9	I							

零件测量记录单3

班级		姓名		学号	

测量零件图

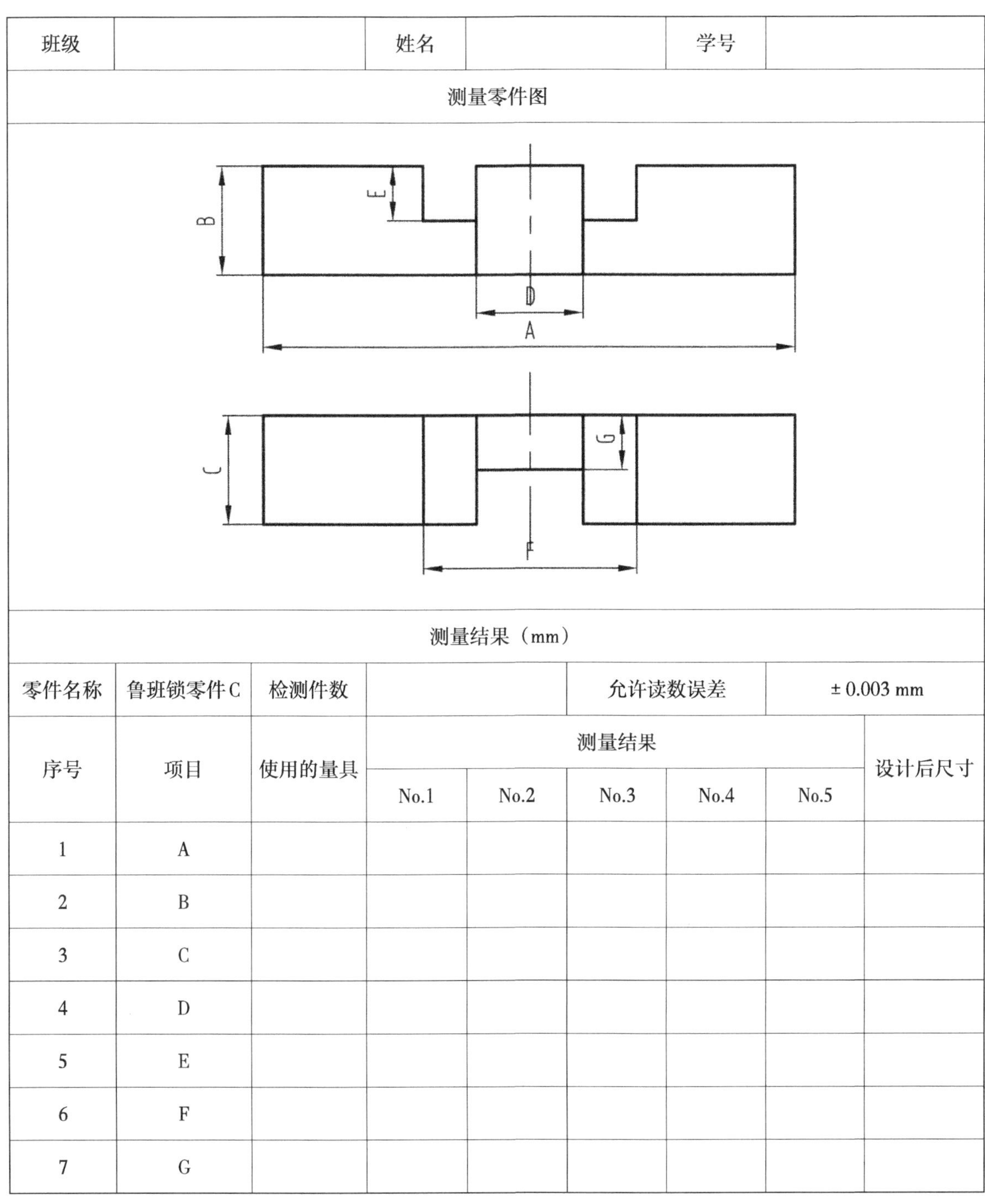

测量结果（mm）

零件名称	鲁班锁零件C	检测件数			允许读数误差		± 0.003 mm	
序号	项目	使用的量具	测量结果					设计后尺寸
			No.1	No.2	No.3	No.4	No.5	
1	A							
2	B							
3	C							
4	D							
5	E							
6	F							
7	G							

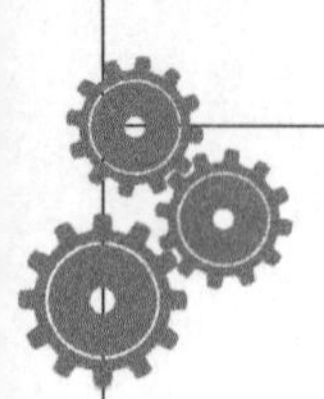

零件测量记录单4

班级		姓名		学号	

测量零件图

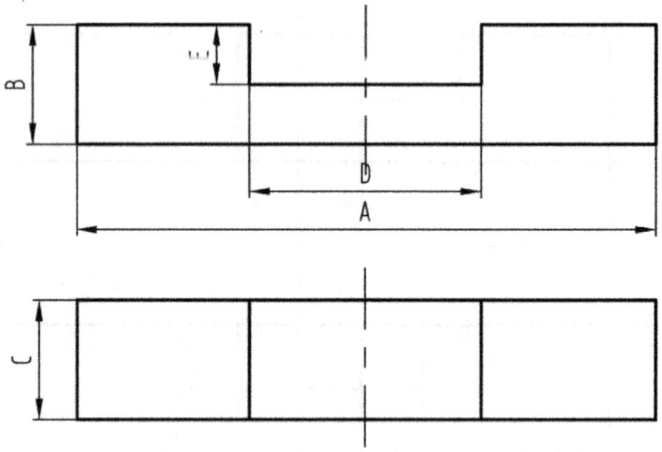

测量结果（mm）

零件名称	鲁班锁零件D	检测件数		允许读数误差	± 0.003 mm

序号	项目	使用的量具	测量结果					设计后尺寸
			No.1	No.2	No.3	No.4	No.5	
1	A							
2	B							
3	C							
4	D							
5	E							

零件测量记录单5

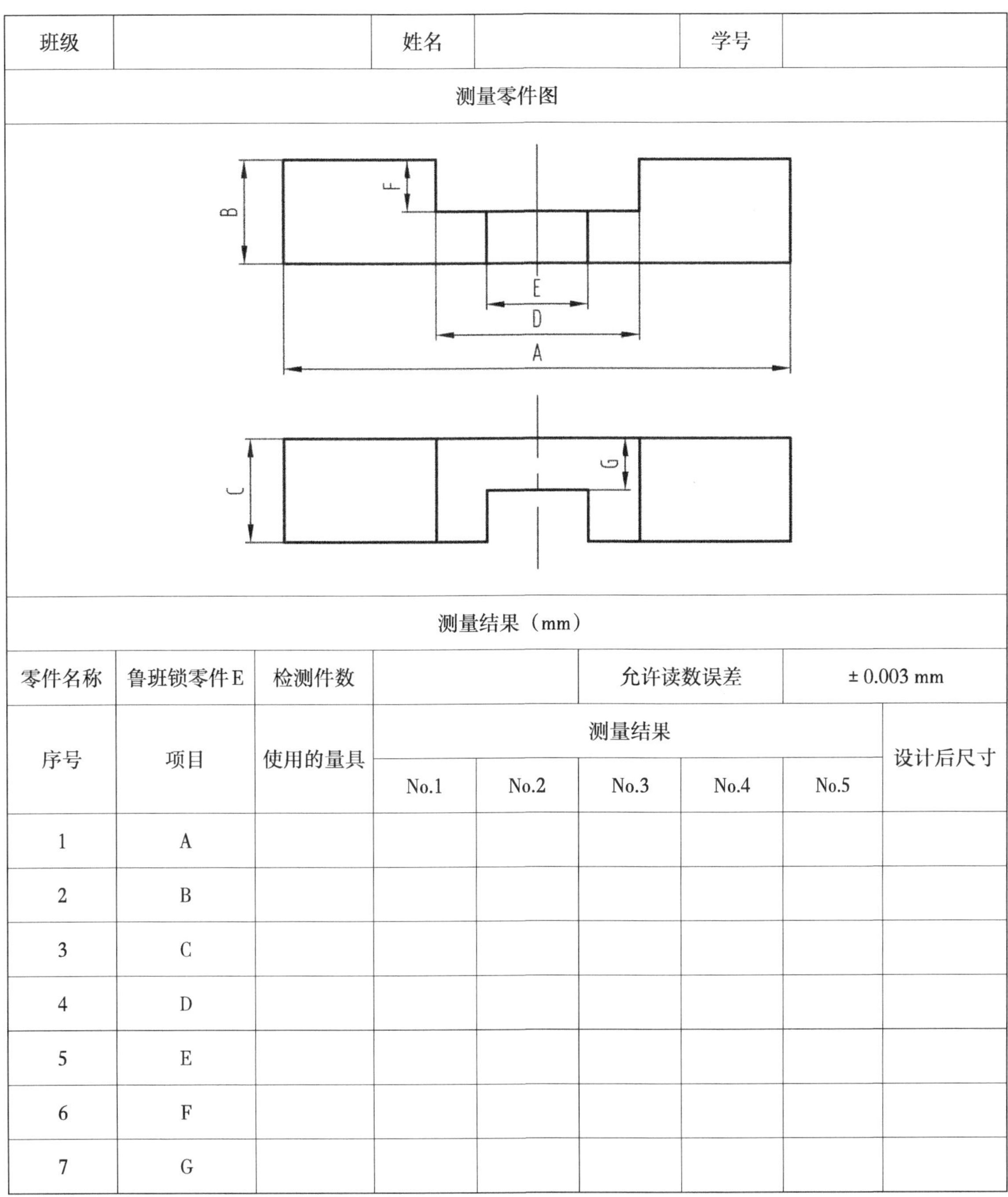

班级		姓名		学号	

测量零件图

测量结果（mm）

零件名称	鲁班锁零件E	检测件数		允许读数误差	± 0.003 mm

序号	项目	使用的量具	测量结果					设计后尺寸
			No.1	No.2	No.3	No.4	No.5	
1	A							
2	B							
3	C							
4	D							
5	E							
6	F							
7	G							

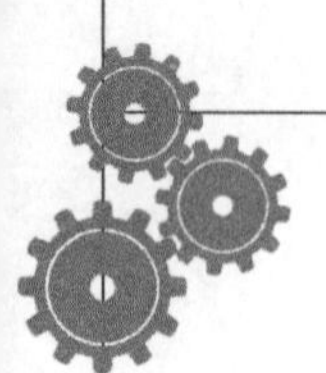

零件测量记录单6

班级		姓名		学号	

测量零件图

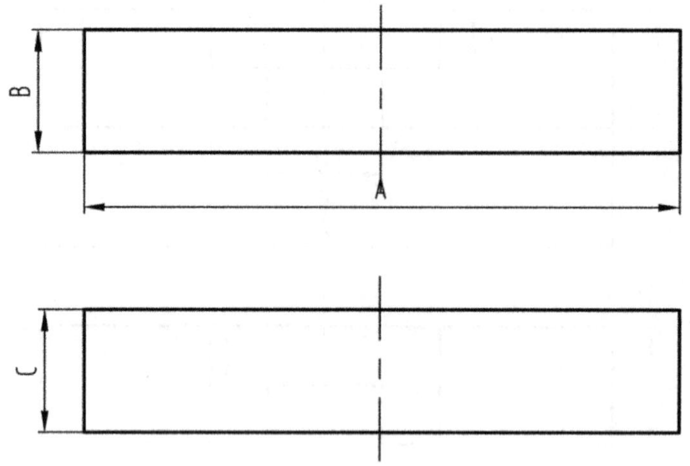

测量结果（mm）

零件名称	鲁班锁零件F	检测件数			允许读数误差	± 0.003 mm	
序号	项目	使用的量具	测量结果				设计后尺寸
			No.1	No.2	No.3	No.4	No.5	
1	A							
2	B							
3	C							

【绘制零件图】

合理设置图幅与布局，完成零件图的绘制。

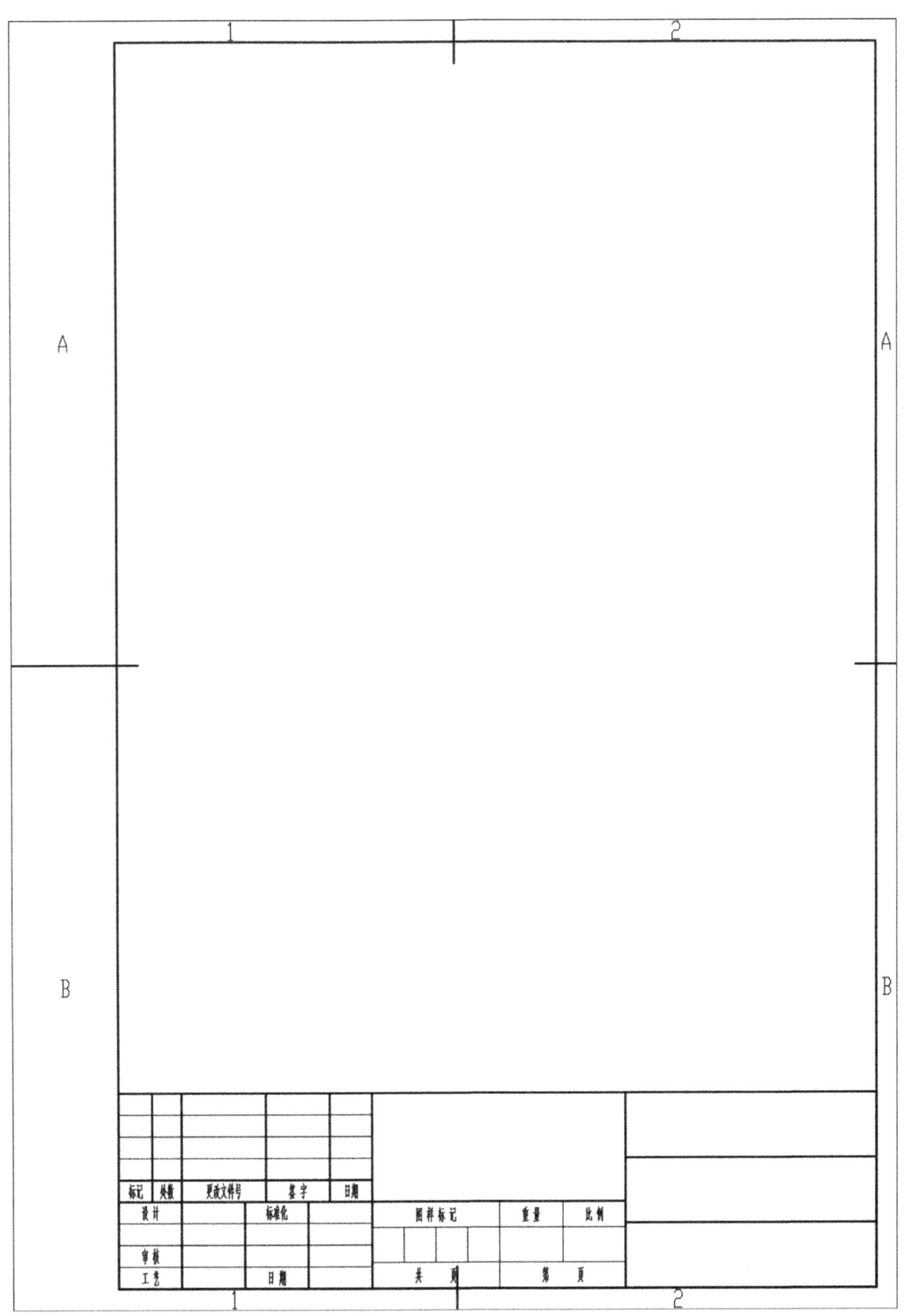

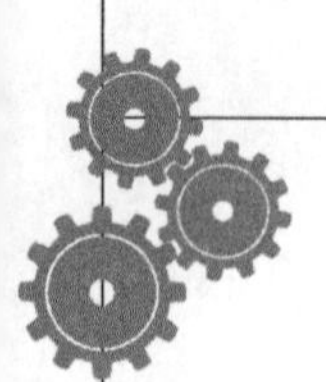

鲁班锁零件测绘评分表

班级:______ 姓名:______ 学号:______

内容	序号	考核要求	配分	评分标准	自评	得分
鲁班锁零件	1	零件测量	30	每处测量错误扣5~10分		
	2	量具使用	10	使用不规范或方法错误每次扣2分		
	3	零件图绘制	40	每处错误或不符合国标扣3分		
	4	绘图工具使用	10	每次错误扣2分		
其他	5	安全文明实训	10	违者视情节轻重扣1~10分		
总分						

评分人: 日期:

班级:______________　　姓名:______________　　学号:______________

【总结与反思】

分析此次任务中的失误，并针对失误提出解决方法。

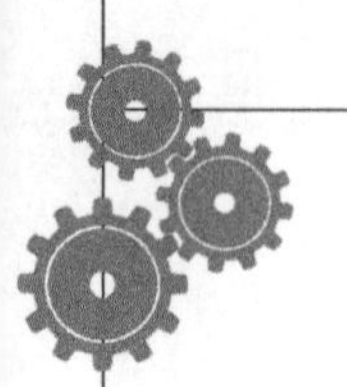

工作任务二　鲁班锁的加工

【任务描述】

每6人形成任务小组，设定组长1名，将鲁班锁的6个零件加工任务分给小组成员。小组成员使用钳工加工工具，根据给定的图纸完成鲁班锁零件的加工任务，要求工艺设计合理，工作过程规范，零件尺寸符合图纸要求。

【学习目标】

>> 知识目标 <<

1. 具备图纸的识别与分析能力。
2. 掌握划线的相关知识。
3. 掌握钻孔的基本步骤及方法。
4. 掌握锯削、锉削的基本方法。

>> 技能目标 <<

1. 能够正确分析图纸，合理确定划线基准。
2. 能够根据图纸合理设计钳工加工工艺。
3. 能够正确使用钳工工具进行零件加工生产。
4. 能够实现规范操作，具有安全操作意识。

>> 思政育人目标 <<

鲁班锁由6个零件组成，6个同学分一组，每个同学做其中一个零件，只有把6个零件用正确的钳工加工方法精确地加工出来，才能顺利完成整体的装配，成为一个完整的鲁班锁。培养学生的团队合作意识，每个人为团队整体工作着想，有团队精神，相互配合才能顺利地完成目标。

【建议预习内容】

划线、钻孔、锯削及锉削加工技能模块。

【思政小课堂】

请浏览央视网，观看“朝闻天下”——牛雪平：从普通钳工到技能专家。

班级:____________　　姓名:____________　　学号:____________

【引导问题】

1. 立体划线一般要在____________、____________、____________三个方向上进行。

2. 锉削加工精度通常可以达到____________ mm。

3. 锯削的加工频率为____________次/分钟。

4. 钻孔时，主运动是____________；进给运动是____________。

5. 平面锉削方法有____________、____________和____________三种。

6. 使用锉刀应遵守哪些基本规则?

7. 划线基准一般有哪三种类型?

8. 钻孔试钻时发现偏斜如何处理?

9. 钳工的操作规程有哪些?

【拓展问题】

“牛雪平：从普通钳工到技能专家”视频中师傅只给学生发2根锯条的目的是什么?

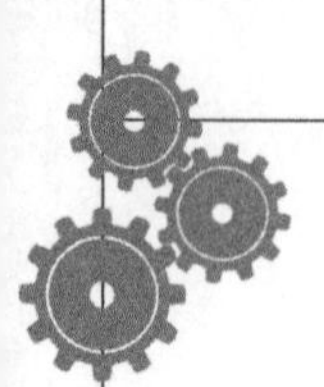

【任务内容】

小组各成员根据任务分配，对应零件图纸，使用给定毛坯，合理设计加工工艺，完成A、B、C、D、E、F零件的加工，加工限时600分钟。

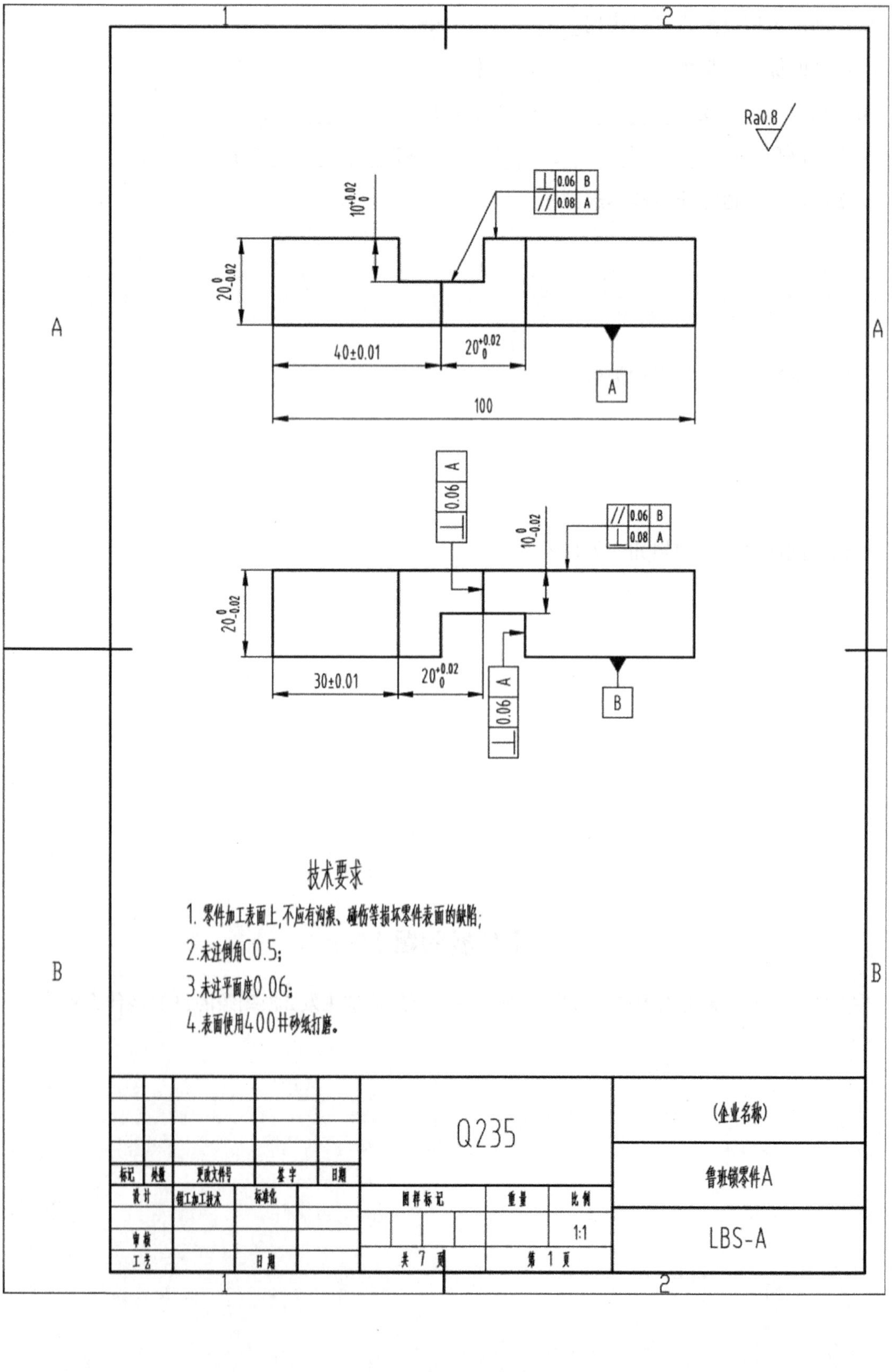

Ra0.8

⊥ 0.06 B
// 0.08 A

$10^{+0.02}_{0}$ $20^{0}_{-0.02}$

40 ± 0.01 $20^{+0.02}_{0}$

100

A

⊥ 0.06 A

// 0.06 B
⊥ 0.08 A

$10^{0}_{-0.02}$ $20^{0}_{-0.02}$

30 ± 0.01 $20^{+0.02}_{0}$

⊥ 0.06 A

B

技术要求

1. 零件加工表面上，不应有沟痕、碰伤等损坏零件表面的缺陷；
2. 未注倒角C0.5；
3. 未注平面度0.06；
4. 表面使用400#砂纸打磨。

标记	处数	更改文件号	签字	日期	Q235			（企业名称）
设计	钳工加工技术	标准化			图样标记	重量	比例	鲁班锁零件A
审核							1:1	LBS-A
工艺		日期			共7页		第1页	

Ra0.8
⊥ 0.06 B
// 0.08 A
⊥ 0.06 B
$10^{0}_{-0.02}$
$20^{0}_{-0.02}$
30±0.01
$20^{+0.02}_{0}$
A
100
⊥ 0.06 A
$10^{+0.02}_{0}$
// 0.06 B
⊥ 0.08 A
$20^{0}_{-0.02}$
40±0.01
$20^{+0.02}_{0}$
B
技术要求
1. 零件加工表面上,不应有沟痕、碰伤等损坏零件表面的缺陷;
2.未注倒角C0.5;
3.未注平面度0.06;
4.表面使用400#砂纸打磨。
标记
处数
更改文件号
签字
日期
设计
钳工加工技术
标准化
审核
工艺
日期
Q235
图样标记
重量
比例
1:1
共 7 页
第 2 页
(企业名称)
鲁班锁零件B
LBS-B

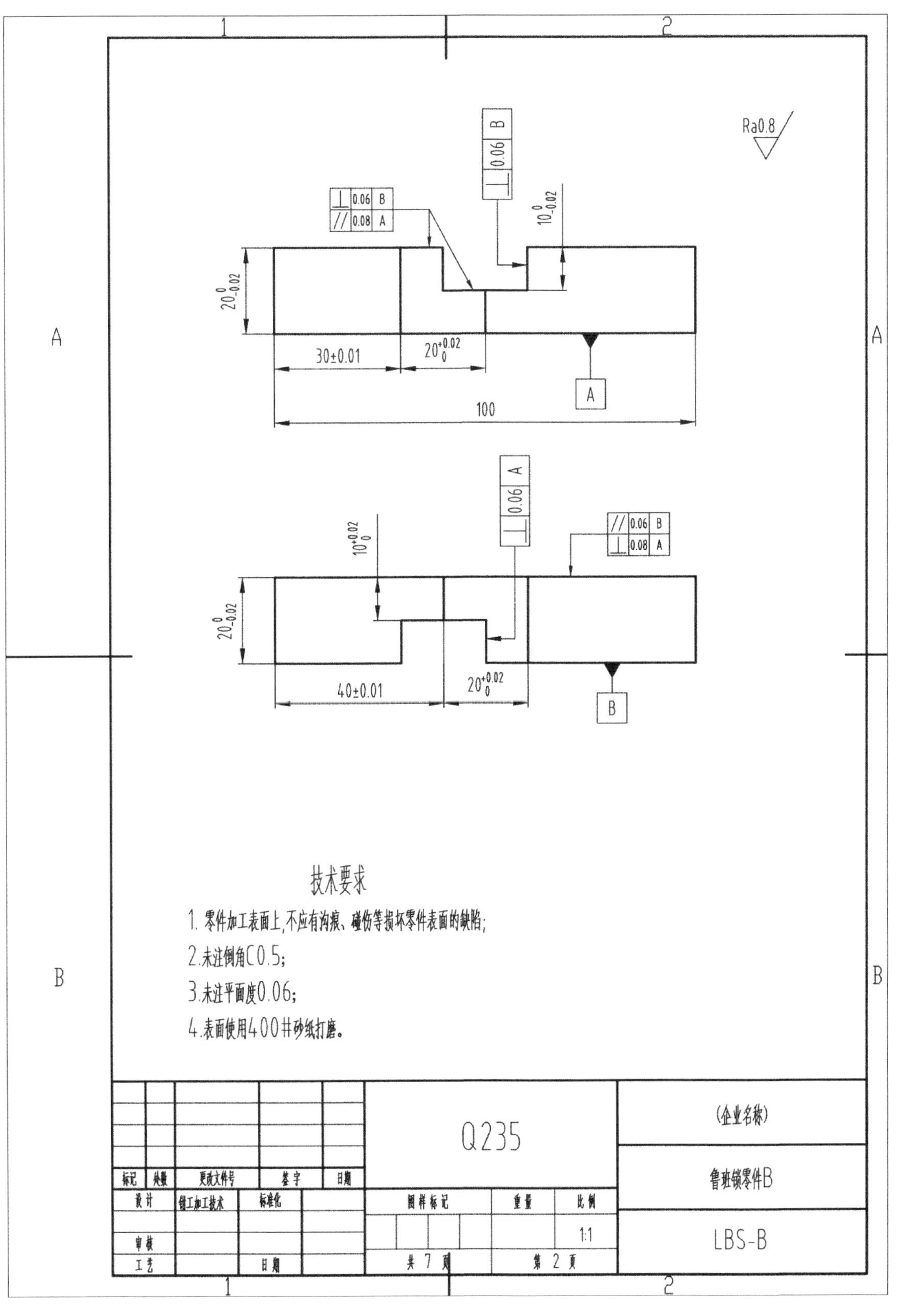

岗位五　综合生产应用

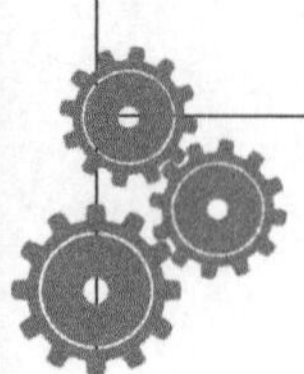

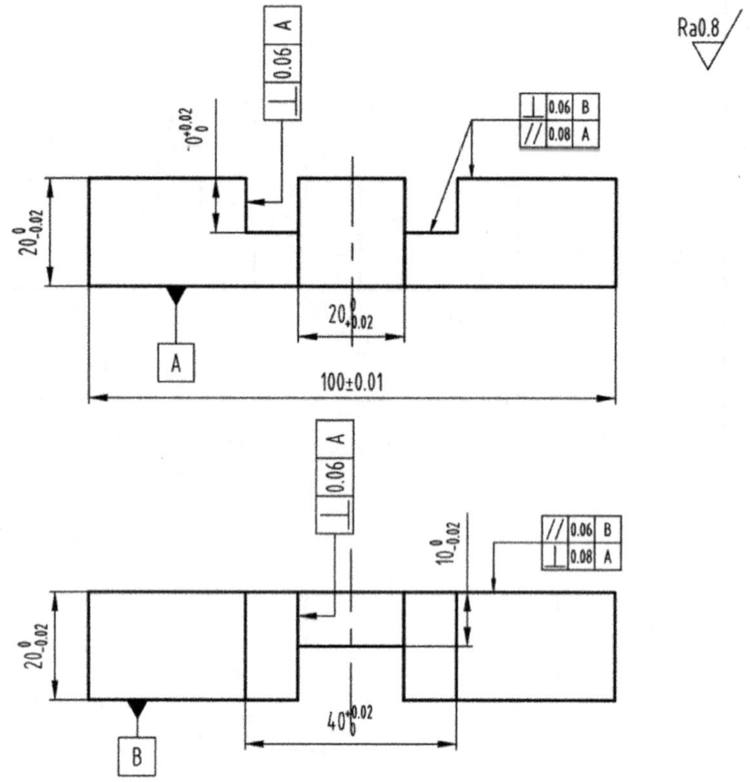

1　　　　　　　　2

A　　　　　　　　A

Ra0.8

⊥ 0.06 A

$0^{+0.02}_{0}$

⊥ 0.06 B
// 0.08 A

$20^{0}_{-0.02}$

$20^{0}_{-0.02}$

A

100±0.01

⊥ 0.06 A

// 0.06 B
⊥ 0.08 A

$10^{0}_{-0.02}$

$20^{0}_{-0.02}$

$40^{+0.02}_{0}$

B

B　　　　　　　　B

技术要求

1. 零件加工表面上，不应有沟痕、碰伤等损坏零件表面的缺陷；
2. 未注倒角C0.5；
3. 未注平面度0.06；
4. 表面使用400#砂纸打磨。

					Q235	(企业名称)
标记	处数	更改文件号	签字	日期		鲁班锁零件C
设计	钳工加工技术	标准化			图样标记 / 重量 / 比例	
					1:1	LBS-C
审核						
工艺		日期			共 7 页　第 3 页	

1　　　　　　　　2

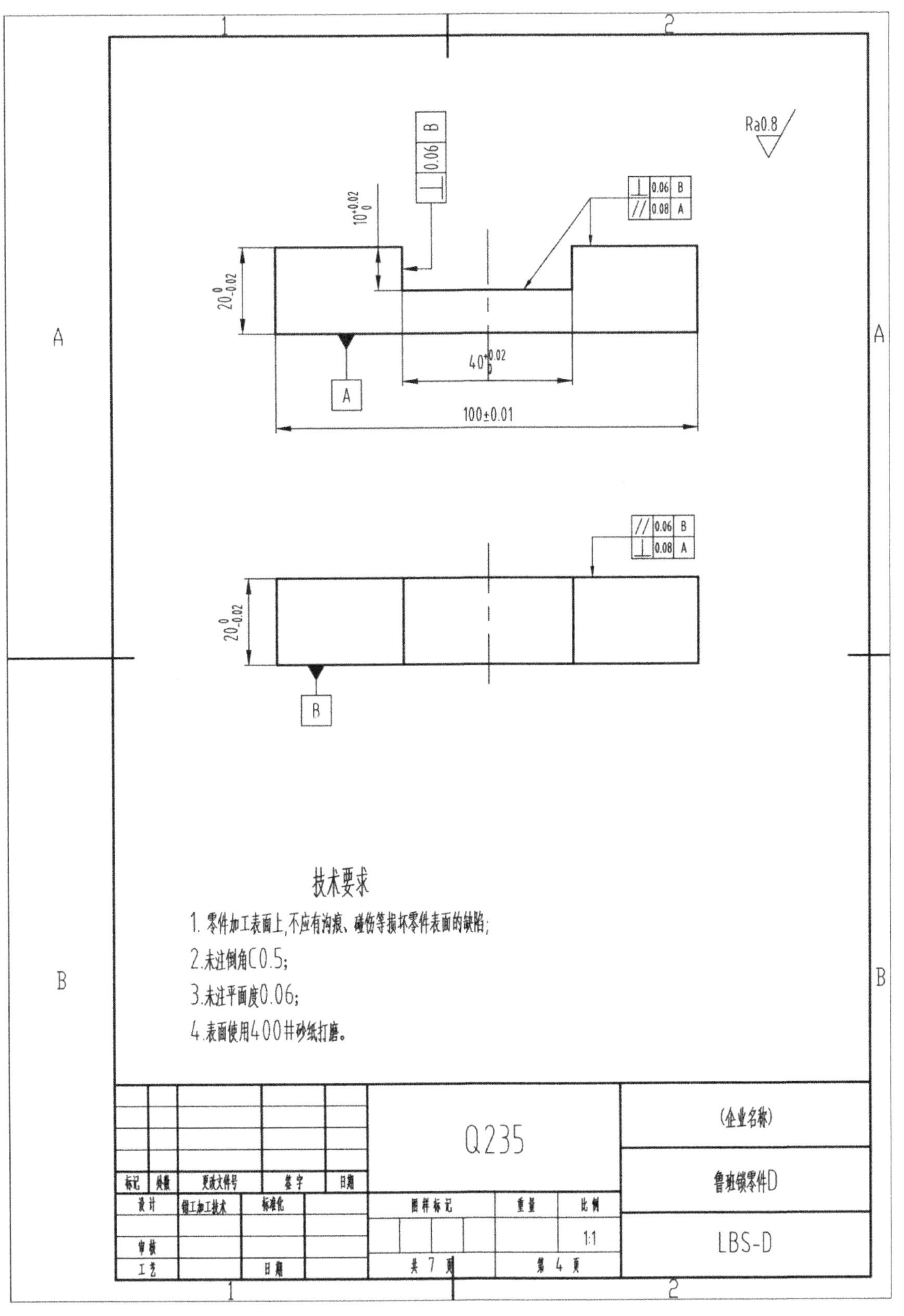

Ra0.8
⊥ 0.06 B
10+0.02 0
⊥ 0.06 B
// 0.08 A
20 0 -0.02
A
40+0.02 0
100±0.01
// 0.06 B
⊥ 0.08 A
20 0 -0.02
B
技术要求
1. 零件加工表面上,不应有沟痕、碰伤等损坏零件表面的缺陷;
2.未注倒角C0.5;
3.未注平面度0.06;
4.表面使用400#砂纸打磨。
Q235
(企业名称)
鲁班锁零件D
LBS-D
标记 处数 更改文件号 签字 日期
设计 钳工加工技术 标准化
审核
工艺 日期
图样标记 重量 比例
1:1
共 7 页 第 4 页

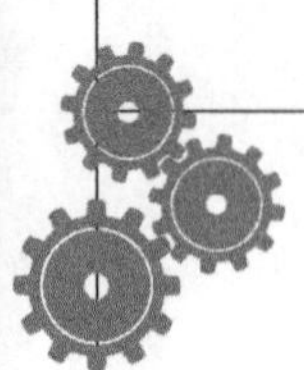

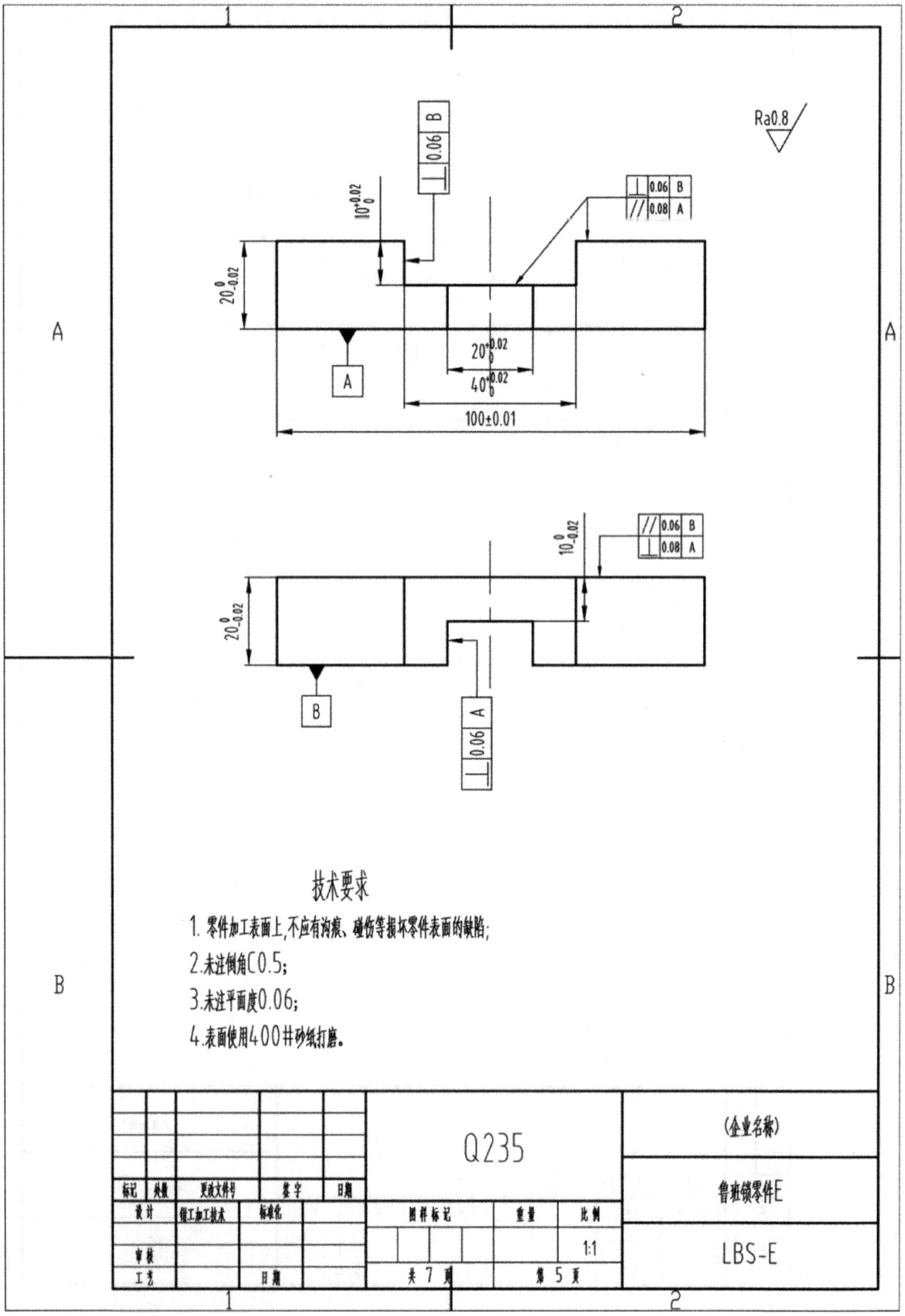

1 2

A A

B B

Ra0.8

⊥ 0.06 B

$10^{+0.02}_{0}$

⊥ 0.06 B

// 0.08 A

$20^{0}_{-0.02}$

A

$20^{+0.02}_{0}$

$40^{+0.02}_{0}$

100±0.01

// 0.06 B

⊥ 0.08 A

$10^{0}_{-0.02}$

$20^{0}_{-0.02}$

B

⊥ 0.06 A

技术要求

1. 零件加工表面上,不应有沟痕、碰伤等损坏零件表面的缺陷;

2.未注倒角C0.5;

3.未注平面度0.06;

4.表面使用400#砂纸打磨。

标记	处数	更改文件号	签字	日期	Q235			(企业名称)
设计	钳工加工技术	标准化			图样标记	重量	比例	鲁班锁零件E
审核							1:1	LBS-E
工艺		日期			共 7 页		第 5 页	

1 2

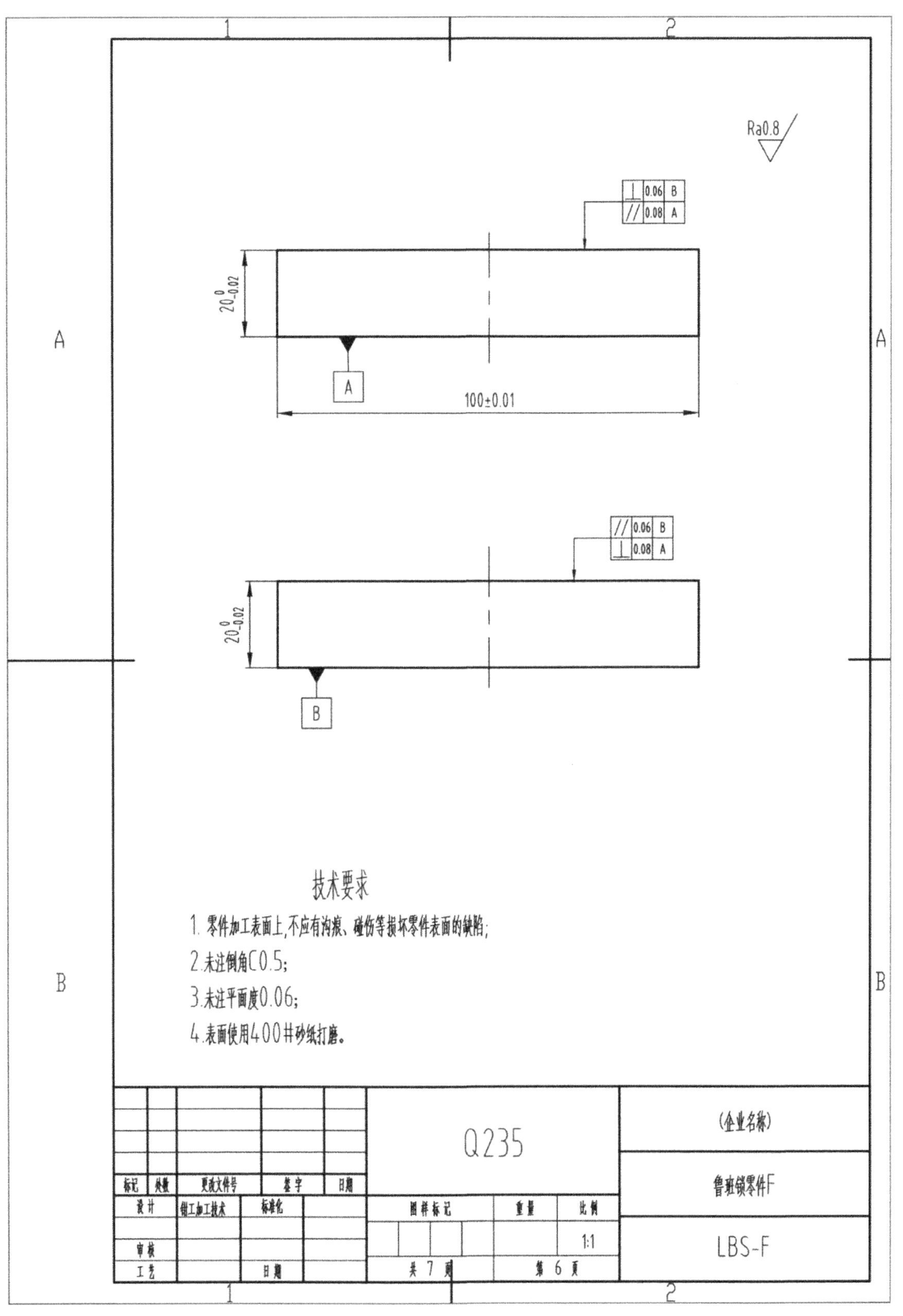

岗位五 综合生产应用

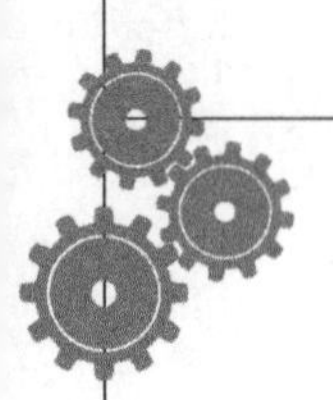

【任务指导】

鲁班锁零件A

一、图样分析

待加工零件为鲁班锁零件A，材料Q235，整体结构为正四棱柱。中部须按照图纸尺寸要求加工凹槽，并保证尺寸精度及形状精度。

二、检查毛坯

1.毛坯为ϕ30 mm圆钢，正四棱柱两端面面须锉削加工才能达到精度要求，故每一面至少须留1~2 mm锉削余量，因此，圆钢尺寸应不小于ϕ30 mm × 102 mm。

2.检查毛坯表面是否有铸造形成的气孔、缩松等缺陷。

3.检查毛坯是否有变形、裂纹等缺陷。

三、处理毛坯

1.去除表面飞边及毛刺等。

2.清理表面氧化皮、油污、铁屑及灰尘。

四、加工

1.加工基准面。

（1）涂色 表面均匀涂抹红丹粉溶剂，便于画出清晰的线条。

（2）如图5-2-1所示，以圆柱一端面作为加工基准面，利用高度游标尺量取101 mm并划线。

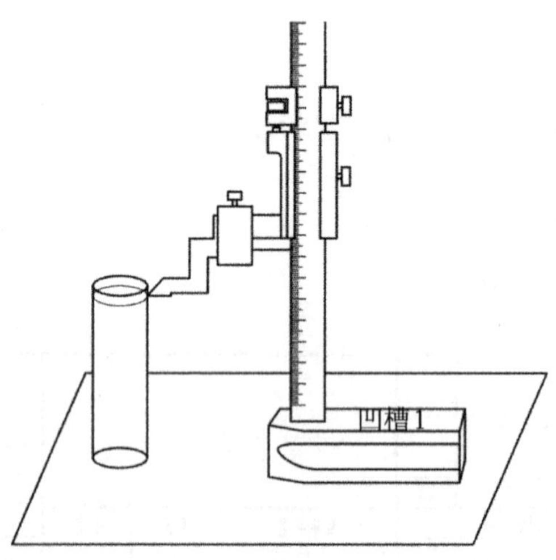

图5-2-1　使用高度游标尺画基准线

（3）锉削基准面至划线部位，保证基准面与圆柱侧面保持垂直。

2.加工基准相对面。

（1）以如图5-2-1所示相同的方法，使用高度游标尺画出另一侧端面线，端面线与基准面距离为100 mm。

（2）锉削基准面至划线部位，保证另一侧端面与基准面距离为100 mm，且与基准面保持平行。

3.绘制端面正方形。

（1）如图5-2-2所示，使用单脚划规找出端面圆心。

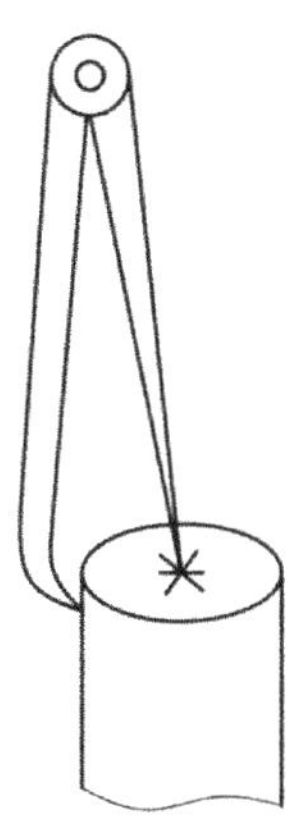

图5-2-2　利用单脚划规找圆心

（2）使用分度头夹住圆钢，在端面画出距离圆心上、下10 mm的正方形两条边线。

（3）转动分度头，带动坯料旋转90°，分别画出距离圆心上、下10 mm的另外两条边线。

4.沿正方形顶点，画出圆柱体侧面的四条母线。

5.选择正方形的一个侧面作为基准面，锯削、锉削达到划线位置，并保证锉削面与端面保持垂直。

6.加工基准面的相对面。

（1）如图5-2-3所示，利用高度游标尺，画出距离基准侧面20 mm的相对面线。

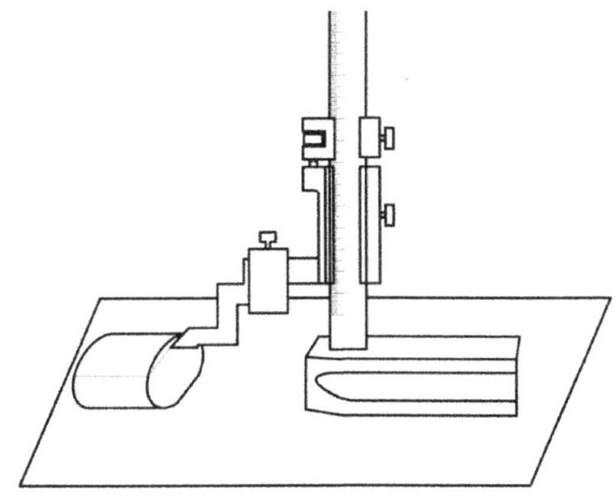

图5-2-3　使用高度游标尺画基准线

（2）锯削、锉削基准面相对面，达到线条同时保证与基准侧面平行，且距离为20 mm。

7.使用相同的方法加工另外一对侧面，直至符合图纸尺寸要求。

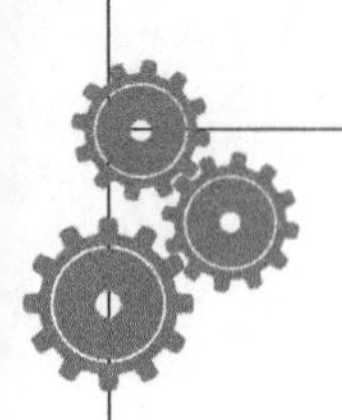

8.根据图纸分析，共需加工出两个凹槽，如图5-2-4所示，先利用划线工具画出距端面基准面30 mm处20 mm × 10 mm凹槽1的边线，如鲁班锁零件A图所示，确定基准面A、B的位置。

9.因20 mm × 10 mm凹槽1加工需要，选择8 mm的钻头进行钻排孔后，进行锯削去除多余的加工余量，再用锉刀锉削达到凹槽加工精度的要求。

（1）在B基准面上分别画出距离端面基准面35 mm及45 mm与端面平行的钻孔中心线，画出与A基准面距离15 mm的钻孔中心线，三条线相交的两个交点即为排孔圆心所在位置。

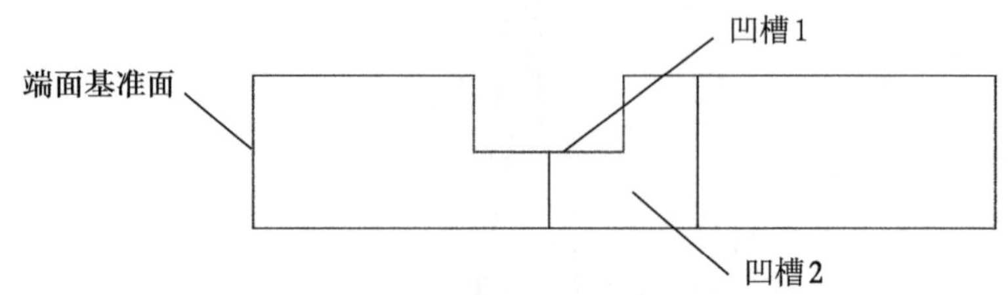

图5-2-4　鲁班锁零件A凹槽1、凹槽2

（2）在圆心处用样冲冲眼；钻孔前应把孔中心的样冲眼用样冲冲大一些，使钻头的横刃预先落入样冲眼的锥坑中，这样钻孔时钻头不易偏离孔的中心。

（3）使用划规在圆心处画出ϕ8 mm圆。

（4）使用ϕ8 mm钻头钻出通孔。

钻孔时，应把钻头对准钻孔的中心，然后启动主轴，待转速正常后，手摇进给手柄，慢慢地起钻，钻出一个浅坑，这时观察钻孔位置是否正确，如钻出的锥坑与所画的钻孔圆周线不同心，可有如下两种方法进行调整：

①如钻出的锥坑与所画的钻孔圆周线偏位较多，加工的孔为通孔，可重新在对称面上进行划线，确定圆心以后再进行钻孔。

②如钻出的锥坑与所画的钻孔圆周线偏位较少，可移动工件在起钻的同时用力将工件向偏位的反方向推移来借正。

（5）钻孔完成后，用手锯去除钻孔后多余的加工余量。

（6）按照之前凹槽1的划线用锉刀进行锉削，达到图纸中要求尺寸及精度要求。

10.按照图纸完成上述凹槽1加工后，继续分别在距端面基准面40 mm、60 mm处划线，距基准面B面10 mm处划线，画出需加工凹槽2的边界线。

11.按照凹槽1的开槽方法进行凹槽2的加工。先分别在A基准面上划出距离端面基准面45 mm、55 mm的钻孔中心线，再在其上划距B基准面5mm的钻孔中心线，三条线相交处为要钻排孔的圆心，在确定圆心处用样冲冲眼，使用划规在圆心处画出ϕ8 mm圆，使用ϕ8 mm钻头钻出通孔，钻孔完成后，用手锯去除钻孔后多余的加工余量。按照之前划线用锉刀进行锉削，达到图纸中要求尺寸及精度。鲁班锁零件A如图5-2-5所示。

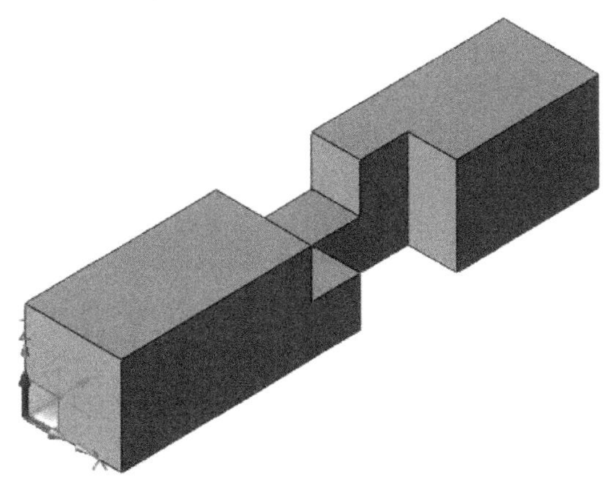

图5-2-5　鲁班锁零件A等轴测视图

12.使用400#砂纸打磨各表面。

五、尺寸检查

检查各尺寸是否符合图纸要求。

六、注意事项

1.划线时须将针尖刃磨锋利，保证画出的线条清晰均匀。

2.锉削时先使用锉齿锉刀粗锉，再使用细齿锉刀精锉，直至达到规定的尺寸精度及表面精度。

3.钻孔时工具必须加紧，若出现事故必须第一时间断电。

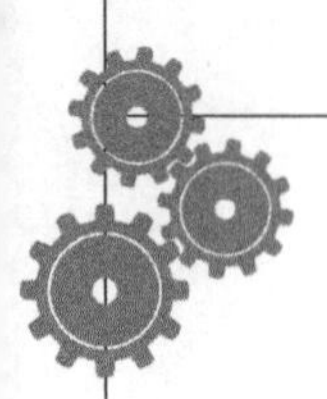

鲁班锁零件B

一、图样分析

待加工零件为鲁班锁零件B，材料Q235，整体结构为正四棱柱，须按尺寸开槽并保证加工精度。

二、检查毛坯

1. 毛坯为圆钢，正四棱柱6面须锉削加工，故每一面至少留1~2 mm锉削余量，因此，圆钢尺寸应不小于ϕ30 mm × 102 mm。

2. 检查毛坯表面是否有铸造形成的气孔、缩松等缺陷。

3. 检查毛坯是否有变形、裂纹等缺陷。

三、处理毛坯

1. 去除表面飞边及毛刺等。

2. 清理表面氧化皮、油污、铁屑及灰尘。

四、加工

1. 将圆钢制成正四棱柱，方法参考鲁班锁A加工过程1~7步。

2. 根据图纸分析，如图5-2-6所示，共需加工出两个凹槽，先利用划线工具划出距端面基准面30 mm处20 mm × 10 mm凹槽1的边线，如鲁班锁零件B图所示，确定基准面*A*、*B*的位置。

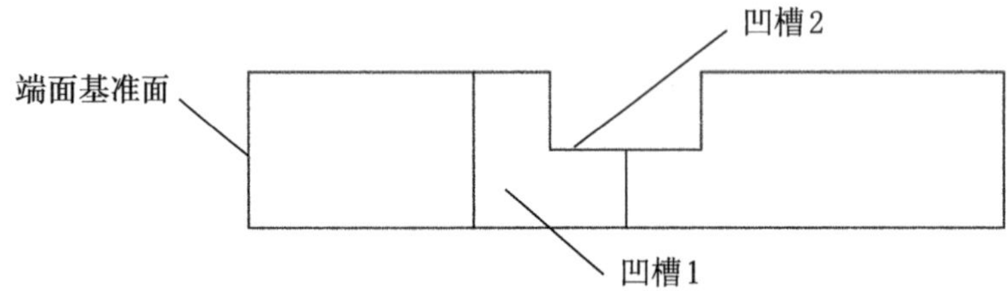

图5-2-6　鲁班锁零件B凹槽1、凹槽2

3. 因20 mm × 10 mm凹槽1加工需要，选择8 mm的钻头进行钻排孔后，进行锯削去除多余的加工余量，再用锉刀锉削达到凹槽加工精度的要求。

（1）在*A*基准面上分别划出距离端面基准面35 mm及45 mm与端面平行的钻孔中心线，再划出与*B*基准面距离5 mm的钻孔中心线，三条线相交的两个交点即为排孔圆心所在位置。

（2）在确定圆心处用样冲冲眼；钻孔前应把孔中心的样冲眼用样冲再冲大一些，使钻头的横刃预先落入样冲眼的锥坑中，这样钻孔时钻头不易偏离孔的中心。

（3）使用划规在圆心处划出ϕ8 mm圆。

（4）使用ϕ8 mm钻头钻出通孔。

钻孔时，应把钻头对准钻孔的中心，然后启动主轴，待转速正常后，手摇进给手柄，慢慢地起钻，钻出一个浅坑，这时观察钻孔位置是否正确，如钻出的锥坑与所划的钻孔圆周线不同心，可有如下两种方法进行调整：

①如钻出的锥坑与所划的钻孔圆周线偏位较多，加工的孔为通孔，可重新在对称面上进行划线，确定圆心以后再进行钻孔。

②如钻出的锥坑与所划的钻孔圆周线偏位较少，可移动工件在起钻的同时用力将工件向偏位的反方向推移来借正。

（5）钻孔完成后，用手锯将钻孔后多余的加工余量进行去除。

（6）按照之前凹槽1的划线用锉刀进行锉削，达到图纸中要求尺寸及精度要求。

4.按照图纸完成上述凹槽1加工后，继续分别在距端面基准面40 mm、60 mm处划线，距基准面*A*面10 mm处划线，划出需加工凹槽2的边界线。

5.按照凹槽1的开槽方法进行凹槽2的加工。先分别在*B*基准面上划出距离端面基准面45 mm、55 mm的钻孔中心线，再在其上划距*A*基准面15 mm的钻孔中心线，三条线相交处为要钻排孔的圆心，在确定圆心处用样冲冲眼，使用划规在圆心处划出ϕ8 mm圆，使用ϕ8 mm钻头钻出通孔，钻孔完成后，用手锯去除钻孔后多余的加工余量。按照之前划线用锉刀进行锉削，达到图纸中要求尺寸及精度。鲁班锁零件B如图5-2-7所示。

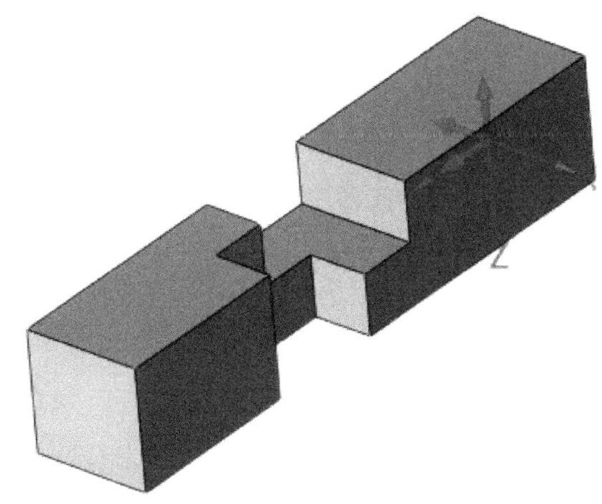

图5-2-7　鲁班锁零件B等轴测视图

6.使用400#砂纸打磨各表面。

五、尺寸检查

检查各尺寸是否符合图纸要求。

六、注意事项

1.划线时须将针尖刃磨锋利，保证划出的线条清晰均匀。

2.锉削时先使用锉齿锉刀粗锉，再使用细齿锉刀精锉，直至达到规定的尺寸精度及表面精度。

3.钻孔时工具必须加紧，若出现事故必须第一时间断电。

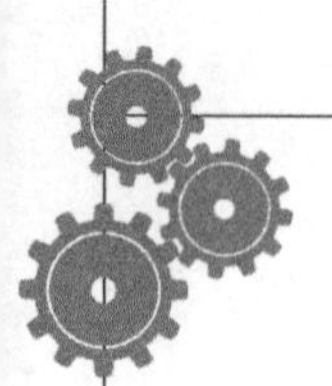

鲁班锁零件C

一、图样分析

待加工零件为鲁班锁零件B，材料Q235，整体结构为正四棱柱，须按尺寸开槽并保证加工精度。

二、检查毛坯

1. 毛坯为圆钢，正四棱柱6面须锉削加工，故每一面至少留1~2 mm锉削余量，因此，圆钢尺寸应不小于ϕ30 mm × 102 mm。

2. 检查毛坯表面是否有铸造形成的气孔、缩松等缺陷。

3. 检查毛坯是否有变形、裂纹等缺陷。

三、处理毛坯

1. 去除表面飞边及毛刺等。

2. 清理表面氧化皮、油污、铁屑及灰尘。

四、加工

1. 将圆钢制成正四棱柱，方法参考鲁班锁A加工过程1~7步。

2. 根据图纸分析，如图5-2-8所示，共需加工出三个凹槽，先利用划线工具划出距端面基准面30 mm处10 mm × 10 mm凹槽1的边线，如鲁班锁零件C图所示，确定基准面A、B的位置；

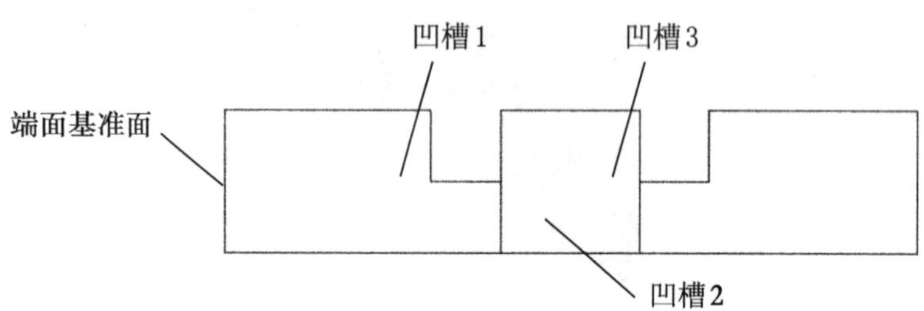

图5-2-8　鲁班锁零件C凹槽1、凹槽2、凹槽3

3. 因10 mm × 10 mm凹槽1加工需要，选择8 mm的钻头进行钻孔后，进行锯削去除多余的加工余量，再用锉刀锉削达到凹槽加工精度的要求。

（1）在B基准面上划出距离端面基准面35 mm与端面平行的钻孔中心线，再划出与A基准面距离15 mm的钻孔中心线，两条线相交的交点即为所需钻孔圆心所在位置。

（2）在确定圆心处用样冲冲眼；钻孔前应把孔中心的样冲眼用样冲再冲大一些，使钻头的横刃预先落入样冲眼的锥坑中，这样钻孔时钻头不易偏离孔的中心。

缺二维码

动画

普通标准花钻切削部分结构

（3）使用划规在圆心处画出ϕ8 mm圆。

（4）使用ϕ8 mm钻头钻出通孔。

钻孔时，应把钻头对准钻孔的中心，然后启动主轴，待转速正常后，手摇进给手柄，慢慢地起钻，钻出一个浅坑，这时观察钻孔位置是否正确，如钻出的锥坑与所划的钻孔圆周线不同心，可有如下两种方法进行调整：

①如钻出的锥坑与所划的钻孔圆周线偏位较多，加工的孔为通孔，可重新在对称面上进行划线，确定圆心以后再进行钻孔。

②如钻出的锥坑与所划的钻孔圆周线偏位较少，可移动工件在起钻的同时用力将工件向偏位的反方向推移来借正。

（5）钻孔完成后，用手锯将钻孔后多余的加工余量进行去除。

（6）按照之前凹槽1的划线用锉刀进行锉削，达到图纸中要求尺寸及精度要求。

4.按照图纸完成上述凹槽1加工后，继续在距端面基准面60 mm、70 mm处划线，距基准面*A*的10 mm处划线，划出需加工凹槽3的边界线。因凹槽1与凹槽2尺寸一致且位置对称，参照凹槽1的加工方法，完成凹槽3的加工。

5.在距端面基准面40 mm、60 mm处划线，距基准面B10 mm处划线，划出凹槽2的边界线。

6.分析凹槽2尺寸位置关系，需选择8 mm的钻头进行钻排孔后，进行锯削去除多余的加工余量，再用锉刀锉削达到凹槽加工精度的要求。分别在A基准面上划出距离端面基准面45 mm、55 mm的钻孔中心线，再在其上划距*B*基准面5 mm的钻孔中心线，三条线相交处为要钻排孔的圆心，在确定圆心处用样冲冲眼，使用划规在圆心处划出ϕ8 mm圆，使用ϕ8 mm钻头钻出通孔，钻孔完成后，用手锯去除钻孔后多余的加工余量。按照之前划线用锉刀进行锉削，达到图纸中要求尺寸及精度。鲁班锁零件C如图5-2-9所示。

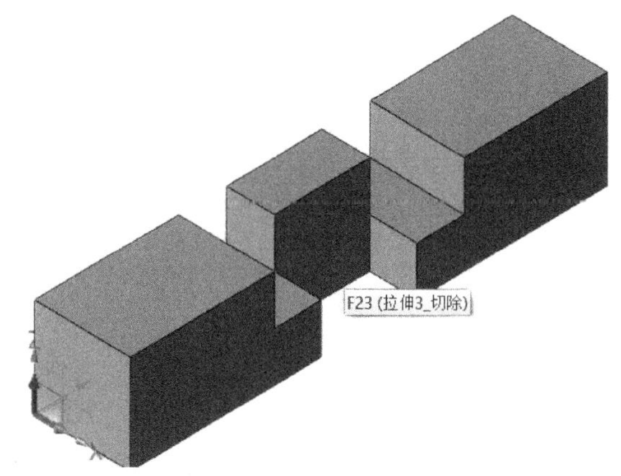

图5-2-9　鲁班锁零件C等轴测视图

7.使用400#砂纸打磨各表面。

五、尺寸检查

检查各尺寸是否符合图纸要求。

六、注意事项

1.划线时须将针尖刃磨锋利，保证划出的线条清晰均匀。

2.锉削时先使用锉齿锉刀粗锉，再使用细齿锉刀精锉，直至达到规定的尺寸精度及表面精度。

3.钻孔时工具必须加紧，若出现事故必须第一时间断电。

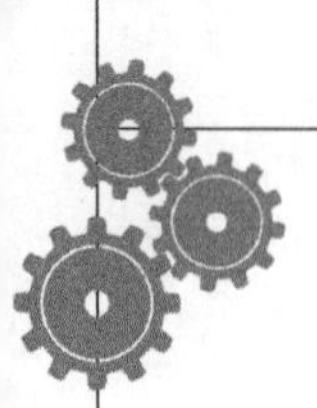

鲁班锁零件D

一、图样分析

待加工零件为鲁班锁零件D，材料Q235，整体结构为正四棱柱。中央须按尺寸开槽并保证加工精度。

二、检查毛坯

1.毛坯为圆钢，正四棱柱6面须锉削加工，故每一面至少留1~2 mm锉削余量，因此，圆钢尺寸应不小于ϕ30 mm × 102 mm。

2.检查毛坯表面是否有铸造形成的气孔、缩松等缺陷。

3.检查毛坯是否有变形、裂纹等缺陷。

三、处理毛坯

1.去除表面飞边及毛刺等。

2.清理表面氧化皮、油污、铁屑及灰尘。

四、加工

1.将圆钢制成正四棱柱，方法参考鲁班锁A加工过程1~7步。

2.根据图纸分析，如图5-2-10所示，需加工出一个凹槽，先利用划线工具画出距端面基准面30 mm处40 mm × 10 mm凹槽的边线，如鲁班锁零件D图5-2-10所示，确定基准面*A*、*B*的位置。

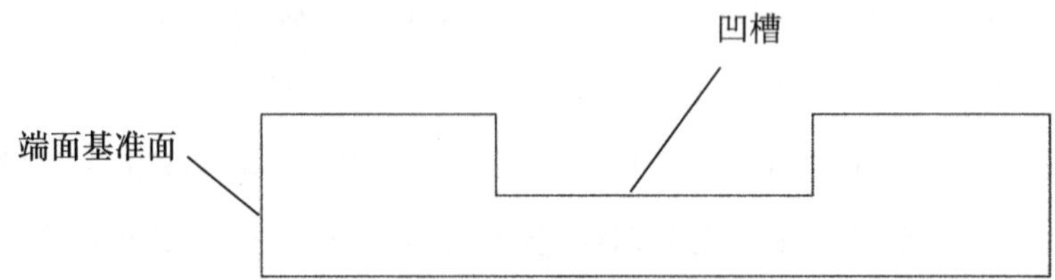

图5-2-10　鲁班锁零件D凹槽

3.因40 mm × 10 mm凹槽加工需要，选择8 mm的钻头进行钻排孔后，进行锯削去除多余的加工余量，再用锉刀锉削达到凹槽加工精度的要求。

（1）在基准面*B*上分别划出距离端面基准面35 mm、45 mm、55 mm、65 mm与端面平行的钻孔中心线，再划出与基准面*A*距离15 mm的钻孔中心线，五条线相交的四个交点即为排孔圆心所在位置。

（2）在确定圆心处用样冲冲眼；钻孔前应把孔中心的样冲眼用样冲再冲大一些，使钻头的横刃预先落入样冲眼的锥坑中，这样钻孔时钻头不易偏离孔的中心。

（3）使用划规在圆心处划出ϕ8 mm圆；

（4）使用ϕ8 mm钻头钻出通孔；

钻孔时，应把钻头对准钻孔的中心，然后启动主轴，待转速正常后，手摇进给手柄，慢慢地起钻，钻出一个浅坑，这时观察钻孔位置是否正确，如钻出的锥坑与所划的钻孔圆周线不同心，可有如下两种方法进行调整：

①如钻出的锥坑与所划的钻孔圆周线偏位较多，加工的孔为通孔，可重新在对称面上进行划线，确定圆心以后再进行钻孔。

②如钻出的锥坑与所划的钻孔圆周线偏位较少，可移动工件在起钻的同时用力将工件向偏位的反方向推移来借正。

（5）钻孔完成后，用手锯去除钻孔后多余的加工余量。

（6）按照之前凹槽的划线用锉刀进行锉削，达到图纸中要求尺寸及精度要求。鲁班锁零件D如图5-2-11所示。

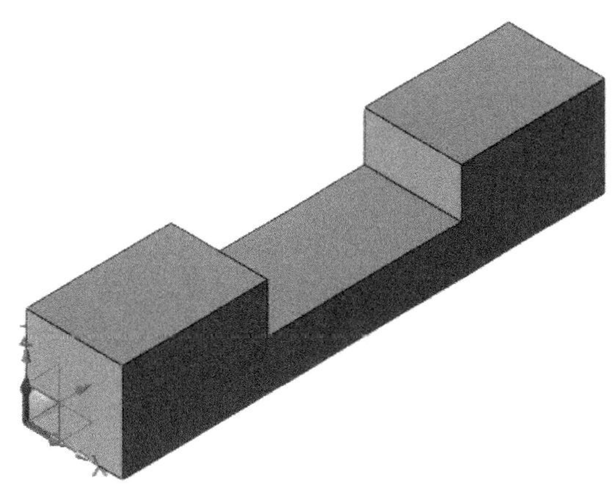

图5-2-11　鲁班锁零件D等轴测视图

4.使用400#砂纸打磨各表面。

五、尺寸检查

检查各尺寸是否符合图纸要求。

六、注意事项

1.划线时须将针尖刃磨锋利，保证划出的线条清晰均匀。

2.锉削时先使用锉齿锉刀粗锉，再使用细齿锉刀精锉，直至达到规定的尺寸精度及表面精度。

3.钻孔时工具必须加紧，若出现事故必须第一时间断电。

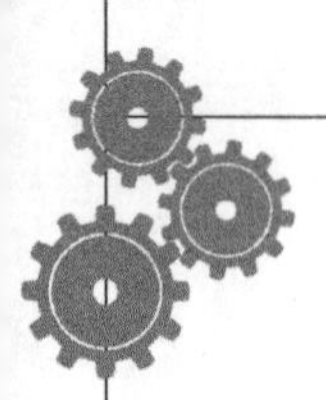

鲁班锁零件E

一、图样分析

待加工零件为鲁班锁零件E，材料Q235，整体结构为正四棱柱，须按尺寸开槽并保证加工精度。

二、检查毛坯

1.毛坯为圆钢，正四棱柱6面须锉削加工，故每一面至少留1~2 mm锉削余量，因此，圆钢尺寸应不小于ϕ30 mm × 102 mm。

2.检查毛坯表面是否有铸造形成的气孔、缩松等缺陷。

3.检查毛坯是否有变形、裂纹等缺陷。

三、处理毛坯

1.去除表面飞边及毛刺等。

2.清理表面氧化皮、油污、铁屑及灰尘。

四、加工

1.将圆钢制成正四棱柱，方法参考鲁班锁A加工过程1~7步。

2.根据图纸分析，如图5-2-12所示，共需加工出两个凹槽，先利用划线工具划出距端面基准面30 mm处40 mm × 10 mm凹槽1的边线，如鲁班锁零件E图所示，确定基准面A、B的位置；

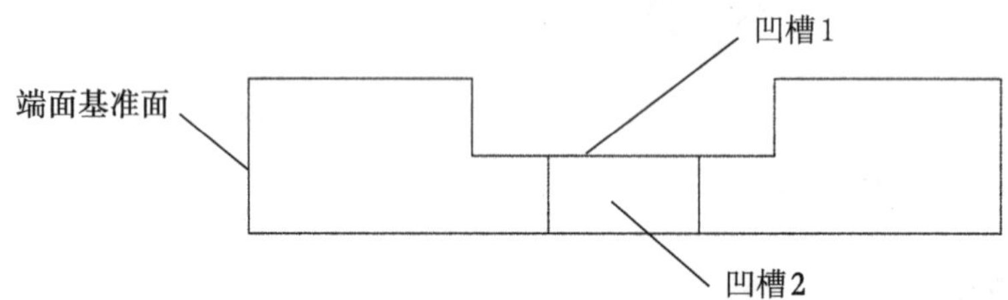

图5-2-12　鲁班锁零件E凹槽1、凹槽2

3.因40 mm × 10 mm凹槽1加工需要，选择8 mm的钻头进行钻排孔后，进行锯削去除多余的加工余量，再用锉刀锉削达到凹槽加工精度的要求。

（1）在基准面B上分别划出距离端面基准面35 mm、45 mm、55 mm、65 mm与端面平行的钻孔中心线，再划出与基准面A距离15 mm的钻孔中心线，五条线相交的四个交点即为排孔圆心所在位置。

（2）在确定圆心处用样冲冲眼；钻孔前应把孔中心的样冲眼用样冲再冲大一些，使钻头的横刃预先落人样冲眼的锥坑中，这样钻孔时钻头不易偏离孔的中心。

（3）使用划规在圆心处划出ϕ8 mm圆。

（4）使用ϕ8 mm钻头钻出通孔。

钻孔时，应把钻头对准钻孔的中心，然后启动主轴，待转速正常后，手摇进给手柄，慢慢地起钻，钻出一个浅坑，这时观察钻孔位置是否正确，如钻出的锥坑与所划的钻孔圆周线不同心，可有如下两种方法进行调整：

①如钻出的锥坑与所划的钻孔圆周线偏位较多，加工的孔为通孔，可重新在对称面上进行划线，确定圆心以后再进行钻孔。

②如钻出的锥坑与所划的钻孔圆周线偏位较少，可移动工件在起钻的同时用力将工件向偏位的反方向推移来借正。

（5）钻孔完成后，用手锯将钻孔后多余的加工余量进行去除。

（6）按照之前凹槽1的划线用锉刀进行锉削，达到图纸中要求尺寸及精度要求。

4.按照图纸完成上述凹槽1加工后，继续分别在距端面基准面40 mm、60 mm处划线，距基准面*B*10 mm处划线，划出需加工凹槽2的边界线。

5.按照凹槽1的开槽方法进行凹槽2的加工。先分别在A基准面上划出距离端面基准面45 mm、55 mm的钻孔中心线，再在其上划距基准面B5 mm的钻孔中心线，三条线相交处为要钻排孔的圆心，在确定圆心处用样冲冲眼，使用划规在圆心处画出ϕ8 mm圆，使用ϕ8 mm钻头钻出通孔，钻孔完成后，用手锯去除钻孔后多余的加工余量。按照之前划线用锉刀进行锉削，达到图纸中要求尺寸及精度。鲁班锁零件E，如图5-2-13所示。

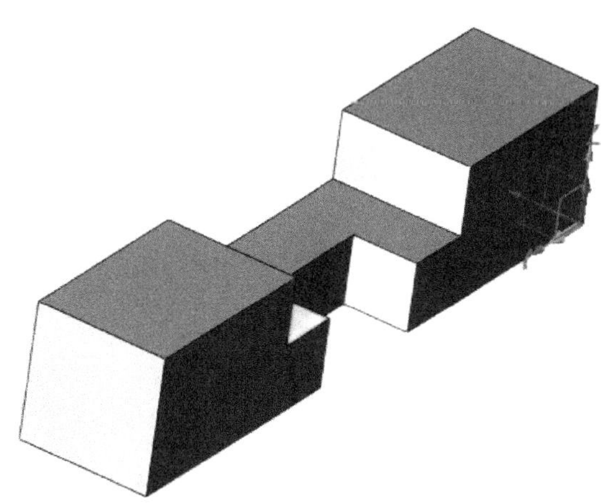

图5-2-13　鲁班锁零件E等轴测视图

6.使用400#砂纸打磨各表面。

五、尺寸检查

检查各尺寸是否符合图纸要求。

六、注意事项

1.划线时须将针尖刃磨锋利，保证划出的线条清晰均匀。

2.锉削时先使用锉齿锉刀粗锉，再使用细齿锉刀精锉，直至达到规定的尺寸精度及表面精度。

3.钻孔时工具必须加紧，若出现事故必须第一时间断电。

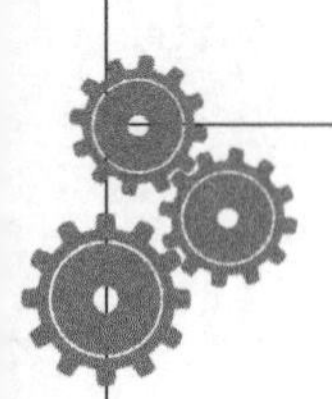

鲁班锁零件F

一、图样分析

待加工零件为鲁班锁零件F，材料Q235，整体结构为正四棱柱。

二、检查毛坯

1.毛坯为圆钢，正四棱柱6面须锉削加工，故每一面至少留1~2 mm锉削余量，因此，圆钢尺寸应不小于ϕ30 mm × 102 mm。

2.检查毛坯表面是否有铸造形成的气孔、缩松等缺陷。

3.检查毛坯是否有变形、裂纹等缺陷。

三、处理毛坯

1.去除表面飞边及毛刺等。

2.清理表面氧化皮、油污、铁屑及灰尘。

四、加工

1.加工基准面

（1）涂色。表面均匀涂抹红丹粉溶剂，便于划出清晰的线条。

（2）如图5-2-14所示，以圆柱一端面作为加工基准面，利用高度游标尺量取101 mm并划线。

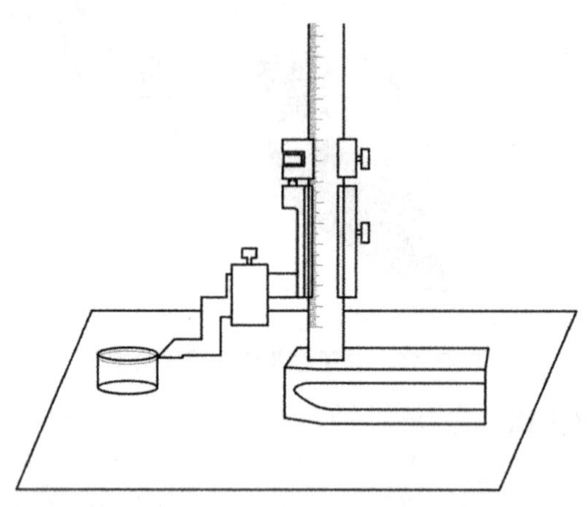

图5-2-14　使用高度游标尺画基准线

（3）锉削基准面至划线部位，保证基准面与圆柱侧面保持垂直。

2.加工基准相对面

（1）以如图5-2-14相同的方法，使用高度游标尺划出另一侧端面线，端面线与基准面距离为100 mm；

（2）锉削基准面至划线部位，保证另一侧端面与基准面距离为100 mm，且与基准面保持平行。

3.绘制端面正方形

（1）如图5-2-15所示，使用单脚划规找出端面圆心。

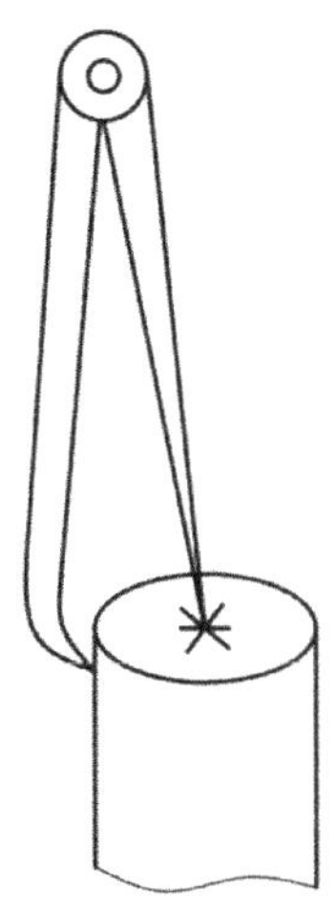

图5-2-15　利用单脚划规找圆心

（2）在圆心处冲眼。

（3）使用分度头夹住圆钢，在端面划出距离圆心10 mm的正方形边线。

（4）每次分度90°，分别划相邻边线，直至划出正方形所有边线。

4.沿正正方形顶点，划出圆柱体侧面的四条母线。

5.选择正方形的一个侧面作为基准面，锯削、锉削达到划线位置，并保证锉削面与端面保持垂直。

6.加工侧面基准面的相对面。

（1）如图5-2-16利用高度游标尺，划出距离基准侧面20 mm的相对面线；

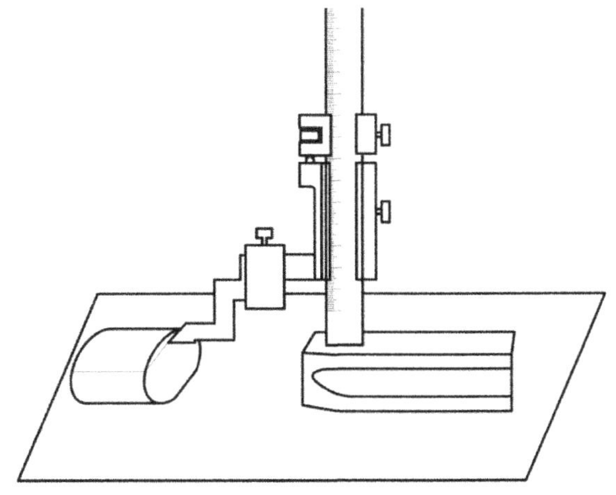

图5-2-16　使用高度游标尺划基准线

（2）锯削、锉削基准侧面相对面，达到线条同时保证与基准侧面平行，且距离为20 mm。

7.使用相同的方法加工另外一对侧面，直至符合图纸尺寸要求。

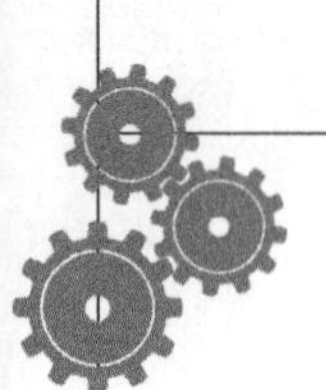

五、尺寸检查

检查各尺寸是否符合图纸要求。

六、注意事项

1.划线时须将针尖刃磨锋利，保证划出的线条清晰均匀。

2.锉削时先使用锉齿锉刀粗锉，再使用细齿锉刀精锉，直至达到规定的尺寸精度及表面精度。鲁班锁零件F，如图5-2-17所示。

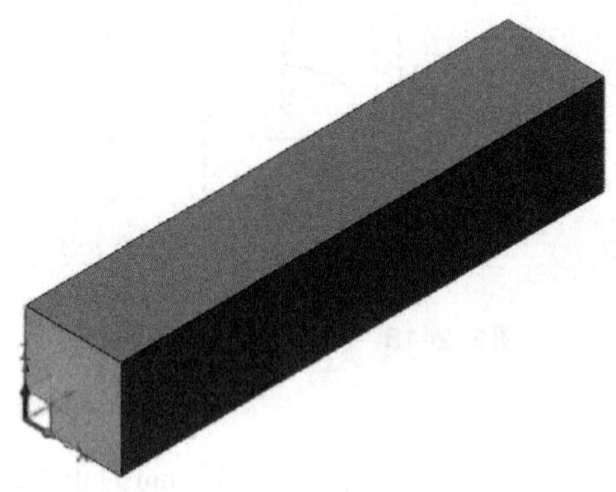

图5-2-17　鲁班锁零件F等轴侧视图

班级:__________ 姓名:__________ 学号:__________ 零件号:__________

【任务实施】

根据图纸，合理设计加工工艺，将加工步骤补充完整，要求工艺合理，具有一定的创新。

一、时间

30分钟。

二、坯料准备

1.圆钢，尺寸为ϕ30 mm × 102 mm，材料为Q235。

2.坯料的检查与处理:______________________________

____

三、工具准备

1.设备:______________________________

2.量具:______________________________

3.划线工具:______________________________

4.加工工具:______________________________

四、划线

1.涂色:______________________________

2.确定划线基准:______________________________

____

3.划线工作:______________________________

____

4.检查线条:______________________________

____

五、加工

____

____

____

六、注意事项

1.正确分析图纸，合理选择划线基准，合理选择工、量、检具保证零件加工精度。

2.正确使用各种工具，如出现违规操作或损坏工、量具的需进行赔偿并扣除平时成绩。

3.注意职业道德及规范，注重培养精益求精的工匠精神和团队协作的职业精神。

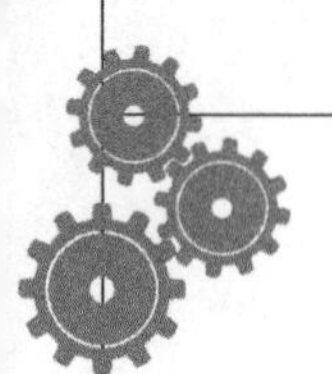

鲁班锁零件A制作任务评分表

班级:______　　姓名:______　　学号:______

内容	序号	考核要求	配分	评分标准	自评	得分
鲁班锁零件A	1	表面粗糙度 $Ra0.8$	16	每个面不合格扣2分		
	2	$20^{0}_{-0.02}$	8	尺寸超差扣8分		
	3	$10^{+0.02}_{0}$	12	尺寸超差扣12分		
	4	$10^{0}_{-0.02}$	12	尺寸超差扣2分		
	5	$20^{+0.02}_{0}$（2处）	18	每处尺寸超差扣9分		
	6	30 ± 0.01	6	尺寸超差扣6分		
	7	40 ± 0.01	6	尺寸超差扣6分		
	8	垂直度0.06 mm（3组）	8	每处未达标准扣2分		
	9	平行度0.08 mm	4	未达标准扣4分		
其他	10	安全文明实训	10	违者视情节轻重扣1~10分		
总分						

评分人:　　　　日期:

鲁班锁零件B制作任务评分表

班级:____________ 姓名:____________ 学号:____________

<table>
<tr><th>内容</th><th>序号</th><th>考核要求</th><th>配分</th><th>评分标准</th><th>自评</th><th>得分</th></tr>
<tr><td rowspan="3">鲁班锁零件B</td><td>1</td><td>表面粗糙度Ra0.8</td><td>16</td><td>每个面不合格扣2分</td><td></td><td></td></tr>
<tr><td>2</td><td>$20_{-0.02}^{0}$</td><td>8</td><td>尺寸超差扣8分</td><td></td><td></td></tr>
<tr><td>3</td><td>$10_{0}^{+0.02}$</td><td>12</td><td>尺寸超差扣12分</td><td></td><td></td></tr>
<tr><td rowspan="6">鲁班锁零件B</td><td>4</td><td>$10_{-0.02}^{0}$</td><td>12</td><td>尺寸超差扣2分</td><td></td><td></td></tr>
<tr><td>5</td><td>$20_{0}^{+0.02}$（2处）</td><td>18</td><td>每处尺寸超差扣9分</td><td></td><td></td></tr>
<tr><td>6</td><td>30 ± 0.01</td><td>6</td><td>尺寸超差扣6分</td><td></td><td></td></tr>
<tr><td>7</td><td>40 ± 0.01</td><td>6</td><td>尺寸超差扣6分</td><td></td><td></td></tr>
<tr><td>8</td><td>垂直度0.06 mm（3组）</td><td>8</td><td>每处未达标准扣2分</td><td></td><td></td></tr>
<tr><td>9</td><td>平行度0.08 mm</td><td>4</td><td>未达标准扣4分</td><td></td><td></td></tr>
<tr><td>其他</td><td>10</td><td>安全文明实训</td><td>10</td><td>违者视情节轻重扣1~10分</td><td></td><td></td></tr>
<tr><td colspan="5">总分</td><td></td><td></td></tr>
</table>

评分人: 日期:

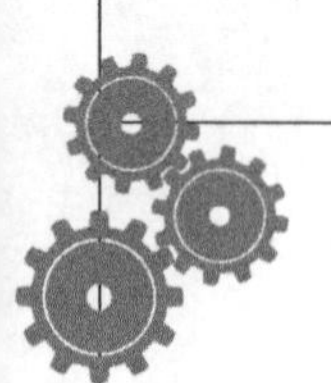

鲁班锁零件C制作任务评分表

班级:______ 姓名:______ 学号:______

内容	序号	考核要求	配分	评分标准	自评	得分
鲁班锁零件C	1	表面粗糙度$Ra0.8$	16	每个面不合格扣2分		
	2	$20_{-0.02}^{0}$	8	尺寸超差扣8分		
	3	$10_{0}^{+0.02}$	12	尺寸超差扣12分		
	4	$10_{-0.02}^{0}$	12	尺寸超差扣2分		
	5	$20_{0}^{+0.02}$	12	尺寸超差扣12分		
	6	$40_{0}^{+0.02}$	10	尺寸超差扣10分		
	7	垂直度0.06 mm（3组）	15	每处未达标准扣5分		
	8	平行度0.08 mm	5	未达标准扣5分		
其他	9	安全文明实训	10	违者视情节轻重扣1~10分		
总分						

评分人: 日期:

鲁班锁零件D制作任务评分表

班级：______________ 姓名：______________ 学号：______________

内容	序号	考核要求	配分	评分标准	自评	得分
鲁班锁零件D	1	表面粗糙度 $Ra0.8$	16	每个面不合格扣2分		
	2	$20^{0}_{-0.02}$	15	尺寸超差扣15分		
	3	$10^{+0.02}_{0}$	20	尺寸超差扣20分		
	4	$40^{+0.02}_{0}$	20	尺寸超差扣20分		
	5	100 ± 0.01	6	尺寸超差扣6分		
	6	垂直度0.06 mm（2组）	10	每处未达标准扣5分		
	7	平行度0.08 mm	3	未达标准扣3分		
其他	8	安全文明实训	10	违者视情节轻重扣1~10分		
总分						

评分人：　　　　日期：

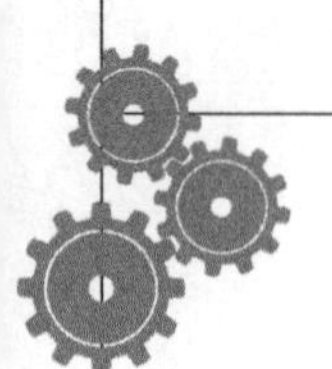

鲁班锁零件E制作任务评分表

班级:______________ 姓名:______________ 学号:______________

内容	序号	考核要求	配分	评分标准	自评	得分
鲁班锁零件E	1	表面粗糙度 Ra0.8	16	每个面不合格扣2分		
	2	$20_{-0.02}^{0}$	10	尺寸超差扣10分		
	3	$10_{0}^{+0.02}$	12	尺寸超差扣12分		
	4	$10_{-0.02}^{0}$	12	尺寸超差扣2分		
	5	$20_{0}^{+0.02}$	9	尺寸超差扣9分		
	6	100 ± 0.01	8	尺寸超差扣8分		
	7	$40_{0}^{+0.02}$	8	尺寸超差扣8分		
	8	垂直度0.06 mm（3组）	9	每处未达标准扣3分		
	9	平行度0.08 mm	6	未达标准扣6分		
其他	10	安全文明实训	10	违者视情节轻重扣1~10分		
总分						

评分人:　　　　　　日期:

鲁班锁零件F制作任务评分表

班级:______________　　姓名:______________　　学号:______________

内容	序号	考核要求	配分	评分标准	自评	得分
鲁班锁零件F	1	表面粗糙度 Ra0.8	16	每个面不合格扣2分		
	2	$20^{0}_{-0.02}$	20	尺寸超差扣20分		
	3	垂直度0.08 mm	10	未达标准扣10分		
	4	平行度0.06 mm	10	未达标准扣10分		
	5	100 ± 0.01	20	尺寸超差扣20分		
	6	垂直度0.06 mm	7	未达标准扣7分		
	7	平行度0.08 mm	7	未达标准扣7分		
其他	8	安全文明实训	10	违者视情节轻重扣1~10分		
总分						

评分人:　　　　日期:

岗位五　综合生产应用

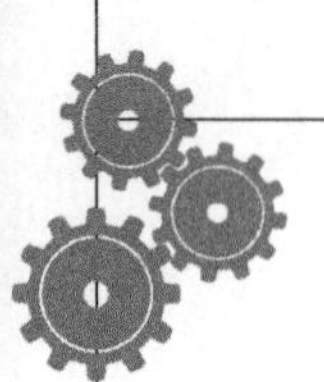

班级:__________ 姓名:__________ 学号:__________ 零件号:__________

【总结与反思】

1.请分析你在此次任务中的工艺改进和技术优化。

2.分析此次任务中的失误，并针对失误提出解决方法。

工作任务三　鲁班锁的装配

【任务描述】

根据装配图纸，完成鲁班锁产品的装配，装配时部分结构完成锉配，最终达到规定的装配要求。

【学习目标】

>> 知识目标 <<

1. 具备图纸的识别与分析能力。
2. 掌握装配的相关知识。
3. 掌握锉配的相关方法。
4. 掌握锯削、锉削的基本方法。

>> 技能目标 <<

1. 能够正确分析图纸，合理设置装配工艺。
2. 能够根据图纸装配精度，制订锉配工艺。
3. 能够正确使用装配工具进行装配工作。
4. 能够实现规范操作，具有安全操作意识。

>> 思政育人目标 <<

鲁班锁由6个零件组成，6个同学分一组，每个同学做其中一个零件，只有把6个零件用正确的钳工加工方法，才能顺利地完成整体的装配，成为一个完整的鲁班锁。此任务培养学生团队合作的意识，有团队精神，相互配合才能顺利的完成目标。

【建议预习内容】

锯削、锉削加工技能模块及装配模块。

【思政小课堂】

请浏览央视网，观看“新闻直播间”——大国工匠　李凯军：金属上打磨自己的“别样人生”。

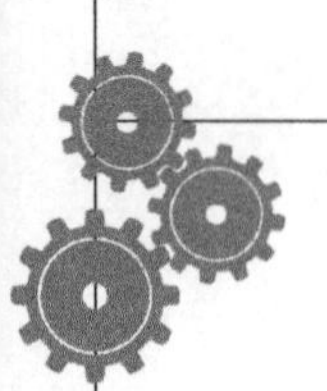

班级:____________ 姓名:____________ 学号:____________

【引导问题】

1. 按照规定的技术要求，将零件组合成部件，或者将若干个零件和部件结合成为整机的过程，称为____________。

2. 将两个或两个以上的零件组合在一起或将零件与几个组件结合在一起，成为一个单元的装配工作，称为____________。

3. 将零件和部件结合成为一台完整产品的过程成为____________。

4. 试运行包括检验机构或机器运转的____________及____________、____________、____________、____________、____________、密封性等性能是否符合要求。

5. 制订装配工艺规程的方法与步骤是什么?

6. 装配的组织形式有哪三种类型?

7. 装配工艺过程有哪些?

【拓展问题】

视频“大国工匠　李凯军：金属上打磨自己的‘别样人生’”中李凯军的工作目标是什么?

【任务内容】

根据装配图纸，完成鲁班锁产品的装配，装配时部分结构完成锉配，最终达到规定的装配要求，任务限时60分钟。

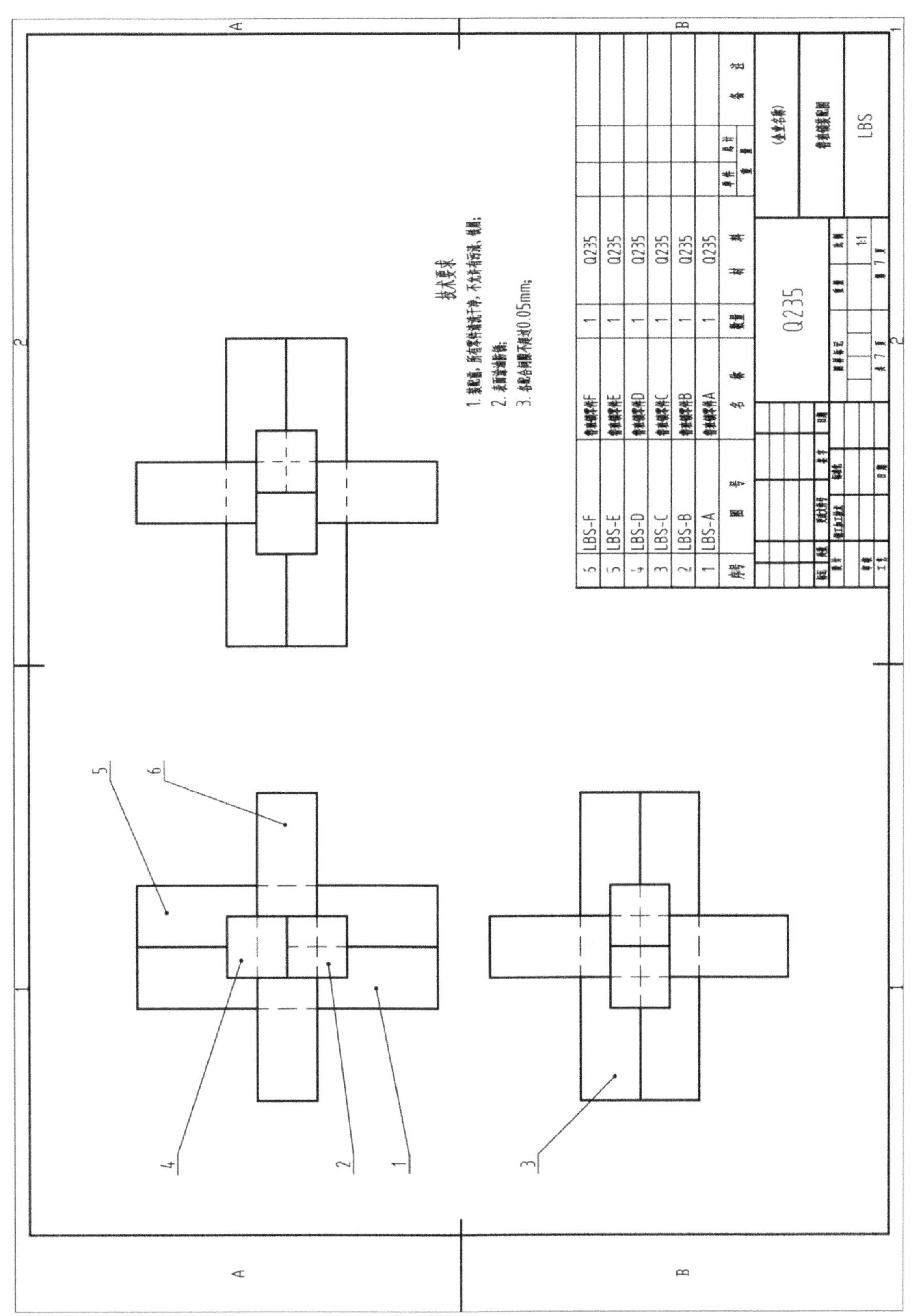

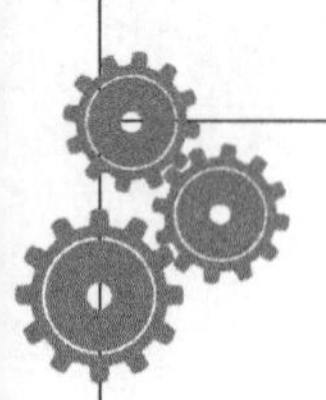

【任务指导】

一、任务分析

鲁班锁共6个零件，按照顺序依次装配，装配完毕后使用塞尺检测装配间隙，若间隙过小，则需要通过锉配的方法进行修正。

二、零件准备

1. 去除零件表面毛刺，污渍和铁屑。
2. 检查零件各尺寸是否符合要求。

三、装配工作

1. 确定装配顺序，绘制装配单元系统图。

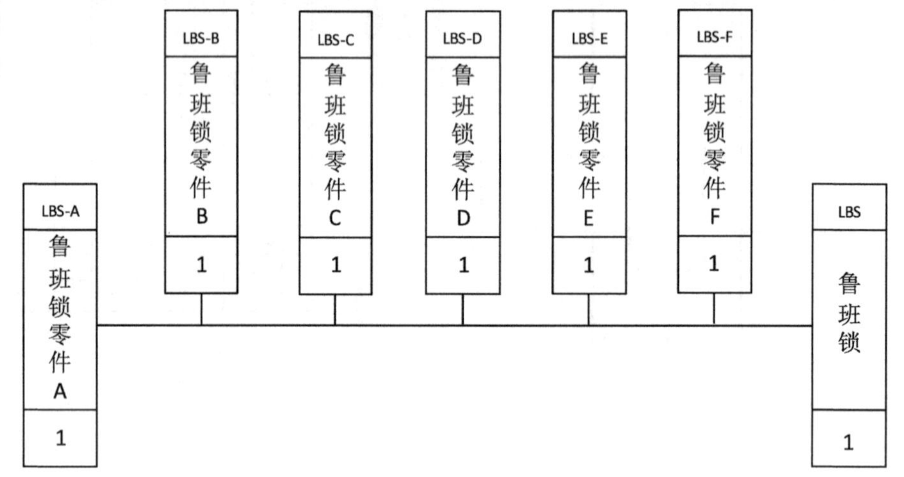

图5-3-1　鲁班锁装配单元系统图

2. 选择鲁班锁零件A作为装配基准件，如图5-3-2所示。

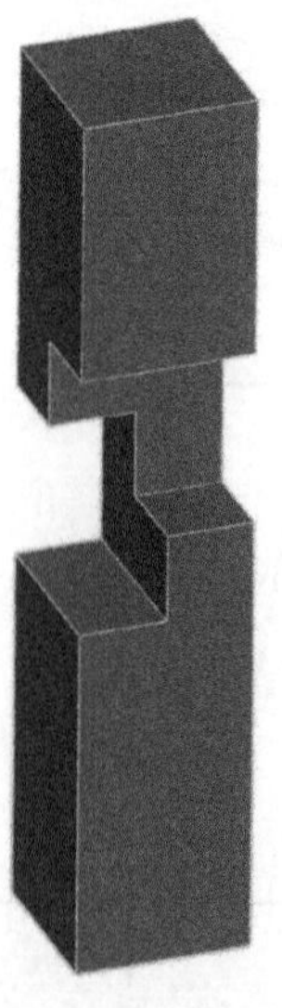

图5-3-2　选择基准件鲁班锁零件A

3.装入鲁班锁零件B，如图5-3-3所示。

图5-3-3　装入鲁班锁零件B

4.装入鲁班锁零件C，如图5-3-4所示。

图5-3-4　装入鲁班锁零件C

5.装入鲁班锁零件D，如图5-3-5所示。

图5-3-5　装入鲁班锁零件D

6.装入鲁班锁零件E，如图5-3-6所示。

图5-3-6　装入鲁班锁零件E

7.装入鲁班锁零件F，如图5-3-7所示。

图5-3-7　装入鲁班锁零件F

8.完成装配工作，如图5-3-8所示。

图5-3-8　鲁班锁装配件

四、装配精度检验

使用塞尺，做塞入检验，检验各缝隙精度是否符合图纸要求。

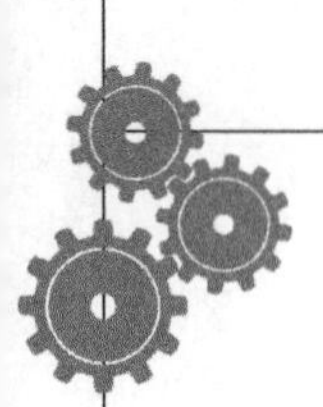

五、涂油防锈

使用毛刷蘸取防锈油，均匀涂抹于零件表面，涂油不宜过多，以布满裸露表面不滴落为宜。

六、注意事项

1. 在进行零件检验时，除检验各处尺寸是否符合要求外，还要检验各棱边倒角是否合格。

2. 使用塞尺检验装配间隙前，应将塞尺擦拭干净。

3. 检测间隙时，可以使用多个塞片叠加塞入，但叠加的塞片不能超过3片，否则会导致测量精度下降。

4. 塞片做塞入检查时，不能用力太大，避免塞片出现折痕。

5. 塞尺用完后应擦拭干净，并及时旋入保护壳内，避免塞尺出现损坏。

鲁班锁零件装配评分表

班级:____________　　姓名:____________　　学号:____________

内容	序号	考核要求	配分	评分标准	自评	得分
鲁班锁零件装配	1	准备工作	20	每处错误或遗漏扣4分		
	2	装配工作	30	装配方法不当每次扣5分		
	3	零件检测及锉配	30	每处装配间隙不合格扣5分		
	4	工作任务超时	10	超时扣10分		
其他	5	安全文明实训	10	违者视情节轻重扣1~10分		
总分						

评分人:　　　　日期:

附录　钳工各项操作注意事项

台虎钳使用注意事项

1.安装台虎钳时，一定要使固定钳身的钳口工作面露出钳台的边缘，以方便夹持条形的工件。此外，固定台虎钳时必须拧紧螺钉，钳身工作时不能松动，以免损坏台虎钳或影响加工质量。

2.在台虎钳上夹持工件时，只允许依靠手臂的力量来扳动手柄，绝不允许用锤子敲击手柄或用管子接长手柄夹紧，以免损坏台虎钳。

3.在台虎钳上进行錾削等强力作业时，应使作用力朝向固定钳身。

4.台虎钳的砧座上可用手锤轻击作业，但不能在活动钳身上进行敲击作业。

5.丝杠、螺母和其他配合表面应保持清洁，并加油润滑，以使操作省力，防止生锈。

台虎钳拆装与维护操作的注意事项

1.拆装活动钳身时，需要注意防止其突然掉落。

2.对拆卸后的部件应做检查，有损伤部件，应及时修复或更换。

3.要针对移动、转动、滑动部件做清洁和润滑处理。

4.拆下的部件沿单一方向顺序放置，注意排放整齐；安装时，逆着拆卸时的顺序，后拆的部件先装。

5.维护保养完成后，必须将工作台打扫干净。

砂轮机使用注意事项

1.砂轮的旋转方向应正确，使磨屑向下方飞离砂轮。

2.启动后，待砂轮旋转正常后再进行磨削。

3.磨削时要防止刀具或工件对砂轮产生剧烈的撞击或施加过大的压力。砂轮表面跳动严重时，砂轮外圈误差较大时，应及时用修整器修理。

4.砂轮机的搁架与砂轮间的距离一般应保持在3 mm以内，否则容易造成磨削件被轧入而导致砂轮破碎的事故。

5.操作者尽量不要站在砂轮对面，而应站在砂轮侧面或斜侧位置，与砂轮平面形成一定的角度。

台式钻床的使用及维护保养注意事项

1.在使用过程中，工作台面必须保持清洁。

2.钻通孔时必须使钻头能通过工作台面上的让刀孔，或在工件下面垫上垫铁，以免钻坏工作台面。

3.用完后须将钻床外露滑动面及工作台面擦净，并对各滑动面及各注油孔加注润滑油。

立式钻床Z525的使用及维护保养注意事项

1.使用前必须空运转试车，机床各部分运转正常后方可进行操作。

2.使用时如采用自动进给，必须脱开自动进给手柄。

3.调整主轴转速或自动进给时，必须在停车后进行。

4.经常检查润滑系统的供油情况。

5.使用完毕后必须清扫干净，上油并切断电源。

使用电动曲线锯时使用注意事项

1.使用前，应先开机空转2~3 min，检查电动部分是否正常。在使用过程中，若出现不正常响声或升温过高时，应立即停止工作，检修后再继续使用。

2.锯割时，向前推力不能过猛，转角半径不宜过小。

3.锯条一定要夹紧在夹头上，不得有松动现象，否则锯条易折断而造成事故。卡锯时，应立即切断电源，退出后再行锯割。

4.根据工件的材料选用锯条的齿距，以提高锯割效率。当锯割塑料或有色金属等软材料时，应选用齿距较大的锯条；当锯切钢板时，应使用齿距较小的锯条。

电动工具的使用注意事项

1.长期搁置不用的电动工具，在启动前必须先检查电线有无破损、接地是否安全可靠等。

2.电源电压不得超过额定电压的10%。

3.各种电动工具的塑料外壳要妥善保护，不能碰撞，不能与汽油及其他溶剂接触。不准使用塑料外壳破损的电动工具。

4.使用非双重绝缘结构的电动工具时，必须戴橡胶绝缘手套，穿绝缘胶鞋或站在绝缘板上，以防漏电。

5.使用电动工具时，必须握持工具的手柄，不准拉着电气软线拖动工具，以防因软线擦破或割伤而造成触电事故。

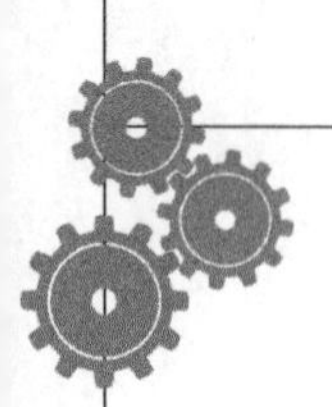

游标卡尺使用注意事项

测量前应将游标卡尺擦干净，检查量爪贴合后主尺与副尺的零刻度线是否对齐。测量时，所用的推力应使量爪紧贴接触工件表面，力量不宜过大，在游标上读数时，要正视游标卡尺，避免视力误差的产生。

1.测量工件外形时，量爪应张开到略大于被测尺寸，以固定量爪贴住工件，用轻微压力把活动量爪推向工件，卡尺测量面连线应垂直于被测量表面，不能偏斜。

2.测量内尺寸时，量爪开度应略小于被测尺寸。测量时，两个量爪应在孔的直径上，不得倾斜。

3.测量孔深或高度时，应使深度尺的测量面紧贴孔底，游标卡尺的端面与被测量工件的表面接触，且深度尺要垂直，不可前后、左右倾斜。

千分尺使用注意事项

千分尺的测量面应保持干净，使用前校对零位，并根据不同公差等级的工件，合理地选用千分尺。在使用外径千分尺之前，应先将检验棒置于测砧与活动测轴之间，检查固定套筒中线（基准线）和微分筒的零线是否重合，如不重合，则必须校验调整后再使用。

测量时，把被测件放入两测杆之间，先用固定测杆抵住被测件的一面，然后转动测微头螺母，直到被测件另一面与活动测杆接触，棘轮出现空转，测微头发出嗒嗒的声响时，即可读数。

1.测量时，先转动微分筒，使测微螺杆端面逐渐接近工件被测表面，再转动棘轮，直到棘轮打滑并发出“嗒嗒”声，表明两个测量端面与工件刚好贴合或相切，然后读出测量尺寸值。

2.测量前要去除被测零件的毛刺，擦拭干净，不可用千分尺去测量粗糙的表面，以免损坏千分尺的精度。

3.双手测量法和单手测量法，单手测量法主要测量较小尺寸的工件外径，测量时千分尺要放正，并应使用测力装置控制测量压力。

4.测量后，如暂时需要保留尺寸，应用千分尺的锁紧装置锁紧，并轻轻取下千分尺。

百分表使用注意事项

测量时，测量杆移动1 mm，大指针正好回转一圈，在百分表的表盘上沿圆周刻有100 等分格，其刻度值为1/100=0.01 mm。测量时，大指针转过1格刻度，表示零件尺寸变化0.01 mm。

1.测量前，检查表盘和指针有无松动现象。

2.测量前，检查长指针是否对准零位，如果未对齐，则及时调整。

3.测量时，测量杆应垂直于工件表面。

4.测量时，测量杆应有0.3~1 mm的压缩量，保持一定的初始测力，以免由于存在负偏差而测量不出来。

万能角度尺使用注意事项

1.使用前应检查是否与零位对齐。

2.测量时，应使万能角度尺的两个测量值与被测件表面在全长上保持良好接触，然后拧紧制动器上的螺母即可读数。

3.在50°~140° 范围内测量时，应装上直尺；在140°~230° 范围内测量时，应装上角尺；在230°~320° 范围内测量时，不装角尺和直尺。

4.万能角度尺用完后应擦净上油，放入专用盒内。

高度游标卡尺使用注意事项

1.在划线方向上，划线脚与工件划线表面之间应成45° 左右的夹角，以减小划线阻力。

2.高度游标卡尺底面与平台接触面都应保持清洁，以减小阻力，拖动时底座应紧贴平台工作面，不能摆动、跳动。

3.高度游标卡尺一般不能用于粗糙毛坯的划线。

4.用完后擦净，涂油并装盒保存。

划线注意事项

1.划线前，应去掉工件上的毛刺。

2.划线时，要一次划完，不得重线。

3.划针针尖应有保护套，防止针尖受损。

4.打样冲眼时要一次完成，不要连击。

划规使用注意事项

划规两个脚的长短可磨得稍有不同，两个脚合拢时脚尖能靠紧。划规的脚尖应保持尖锐，以保证划出的线条清晰。用划规划圆时，应把压力加在做旋转中心的那个脚上。

刀口尺检查时应注意的事项

1.检验平面度时，还应沿对角线方向检验。

2.直角尺的放置位置不能歪斜，否则测量不正确。

3.检验内角的方法与检验外角的方法相同。

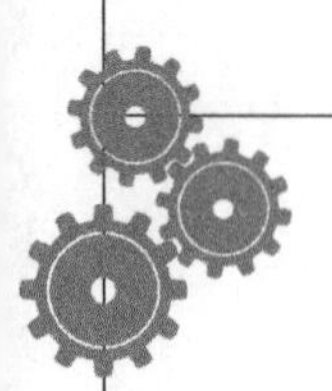

划线工具的维护与保养注意事项

1. 划针、划规、划线盘和游标高度尺等划线工具应妥善保管、正确摆放，避免划线部位损伤。

2. 工件在划线平台上应轻拿轻放，并尽可能减少摩擦，以免损伤工件及划线平台，造成平台精度的降低。

3. 划线工具和设备使用完后，应及时进行清理，擦拭干净，并涂上机油防锈。

借料注意事项

1. 恰当地选用工具和正确安放工件。

2. 划线后复检，并仔细检查有无线条漏划。

錾削油槽注意事项

1. 錾子要保持锋利，过钝的錾子不但工作费力、錾削的表面不平，而且易打滑伤手。

2. 錾子头部有明显毛刺时要及时磨掉，避免铁屑碎裂飞出伤人，前方应加防护网。

3. 錾子头部、锤子头部和木柄部均不应沾油，以防打滑，木柄松动时要及时更换。

4. 工件必须夹紧稳固，伸出钳口高度10~15 mm，且工件下要加垫木。

5. 拿工件时，要防止錾削表面锐角划伤手指。

6. 掌握动作要领，疲劳时要适当休息。

錾削铸铁件注意事项

1. 錾削前要检查锤头是否安装牢固，錾子尾部是否有卷边。

2. 錾削前还需检查工作台上的防护网是否有破损和台虎钳是否有松动。

3. 由于毛坯材料为铸铁，调头收錾需要及时进行。

4. 錾削方向与台虎钳的轴向一致，不得与之垂直。

5. 触拿工件时，要防止錾削面锐角划伤手指。

6. 切屑需用毛刷刷去，不得用手擦去或用嘴吹。

7. 发现錾子的刃口不锋利时，须及时刃磨。

锯削注意事项

1. 锯条安装松紧要适度。

2. 锯削时切勿突然用力过猛，以防锯条折断，从锯弓上崩出伤人。

3. 工件将被锯断时，要用左手(或右手）扶住断开部分，以免砸脚，同时锯削压力要小，以免工件突然断开，而人向前冲造成事故。

锉削操作注意事项

1.锉削是钳工的一种重要基本操作，初学时首先要做到姿势正确。

2.注意掌握两手用力，使锉刀在工件上保持平衡。

3.工件夹紧时，要在台虎钳上垫好软金属衬垫，避免夹伤工件端面。

4.采用顺向锉，并使锉刀全长切削。

5.基准面作为加工控制其余各面时的尺寸、位置精确度和测量基准，故必须在达到其规定的平面要求后，才能加工其他面。

6.粗锉时锉痕不能太深，否则精锉仍无法去除，切屑嵌在锉齿中要及时清除。

7.在检查垂直度的时候，要注意角尺从上向下的移动速度，压力不要太大，以防出现误差。

8.工量具要放置在规定的位置，轻拿轻放，用完后要擦净，做到文明生产。

锉刀的正确使用和保养注意事项

合理使用和保养锉刀，可以提高锉刀的使用时间和切削效率。

1.锉刀放置时避免与其他金属硬物相碰，也不能堆叠，避免损伤锉纹。

2.不能用锉刀来锉削毛坯的硬皮或氧化皮以及碎硬的工件表面，而应用其他工具或锉刀的锉梢端、锉刀的边齿来加工。

3.锉削时应先使用一面，用钝后再用另一面，否则会因锉刀面容易锈蚀，而缩短使用期限。另外，锉削加工过程中要充分使用锉刀的有效工作长度，避免局部磨损。

4.在锉削过程中，及时消除锉纹中嵌入的切屑，以免刮伤工件表面，锉刀用完后，应用钢丝刷刷去锉齿中残留的切屑，以免生锈。

5.防止锉刀沾水、沾油，以防锈蚀或使用时打滑。

6.不能把锉刀当作装拆、敲击或撬物的工具，防止锉刀折断。

7.使用整形锉时，用力不能过猛，以免折断锉刀。

锉削时的文明生产和安全注意事项

1.锉刀是右手用工具，应放在台虎钳的右面，放在钳台上时锉刀柄不可露在钳桌外面，以防落在地上砸伤脚或损坏锉刀。

2.没有装柄或柄已裂开的锉刀或没有加柄轴的锉刀不可使用。

3.锉削时锉刀柄不能撞击到工件，以免锉刀柄脱落而刺伤手。

4.不能用嘴吹铁屑，以防切屑飞入眼中，也不能用手清除切屑，以防扎伤手，同时由于手上有油污，不可用手摸锉削面，否则会使锉削时锉刀打滑而造成事故。

5.锉刀不可以作为撬棒或手锤使用。

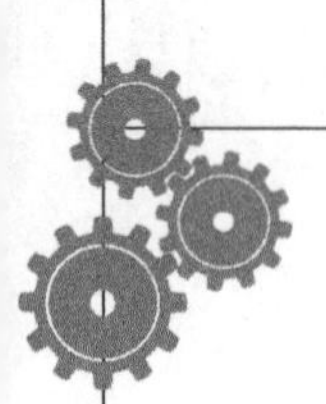

锯、锉斜面、倒角的注意事项

1.未注倒角的加工:对未注倒角的位置，只要是锐角或直角，都应倒角，一般可理解为倒角0.2 mm。采用锉刀轻锉锐角或直角处，不扎手即可。

2.更换锯条:更换新锯条时，由于旧锯条的锯路已磨损，使锯缝变窄，卡住新锯条。这时不要急于按下锯条，应先用新锯条把原锯缝加宽，再正常锯割。

锯、锉长方体的注意事项

1.步骤1中高度游标卡尺在V形铁上划线时，理论上有两个位置可以满足划线要求，但考虑到划线操作的方便性，只适合于在较高处划线。

2.锯割时应留有一定的锉削余量，同时也为了避免因锯缝歪斜导致工件报废，锯缝应在所划线外。对初学者而言，一般可控制在1~2 mm。

钻孔注意事项

1.在钻孔时，要注意进给用力不应使钻头产生弯曲现象，以免孔轴线歪斜。

2.操作手柄的进给要稳定，不能因为阻力小而快进快退，造成圆周上明显振纹。

3.进给力要适当，并要经常退钻排屑，以免切屑阻塞而扭断钻头。

4.钻孔将要钻穿时，进给力必须减少，以防进给量突然过大而增大切削抗力，造成钻头折断，或使工件随着钻头转动造成事故。

5.利用钻头的定心作用时，必须保证两切削刃对称，否则无法保证钻头轴线与孔轴线的重合。样冲眼深浅的控制，圆心处的样冲眼在使用划规之前，不应过深，防止划规晃动。画完圆后，应加深样冲眼，以便于起钻。圆周上的样冲眼只是为了使划线清晰，只需轻敲即可。

6.避免“烧伤”钻头。如果钻头长时间连续切削，产生大量的热，使钻头温度不断升高，造成钻头退火，导致钻头的硬度迅速下降，俗称“烧伤”。因此钻孔时除了要使用切削液，还应经常提起钻头排屑，方便切削液流入孔中，保证钻头的冷却。

钻孔操作安全注意事项

1.钻孔前要清理工作台，如使用的刀具、量具和其他物品不应放在工作台面上。

2.钻孔前要夹紧工件，钻通孔要垫垫块或使钻头对准工作台的沟槽，防止钻头损坏工作台。

3.通孔将要被钻穿时，要减小进给量，以防止产生事故。因为将要钻通工件时，轴线阻力突然消失，钻头走刀机构恢复弹性变形，会突然使进给量增大。

4.松紧钻夹头应在停车后进行，且要用“钥匙”来松紧而不能敲击。当钻头要从钻头套中退出时要用斜铁敲击。

5.钻床需要变速时需要停车后变速。

6.钻孔时，应该戴安全帽，而不应戴手套，以免被高速旋转的钻头伤害。

7.切屑的清除应用刷子而不可用嘴吹，以防止切屑飞入眼中。

钻削加工的精度等级

钻削的加工精度较低，一般只能达到IT10，表面粗糙度一般为12.5~6.3 μm ，在钻削后常常采用扩孔和铰孔来进行半精加工和精加工。

铰孔板加工注意事项

1.铰孔时注意铰刀要放正。

2.铰孔时遇硬点不能硬铰。

3.退铰时不能倒转。每次停留位置不能在同一位置上。注意加切削液，提高其孔的表面粗糙度值。

4.铰刀是精加工工具，要保护好刃口，以免碰撞，刀具上如有毛刺或屑粘附，可用油石小心地磨去。

5.铰刀排屑功能差，须经常取出切屑，以免铰刀被卡住。

孔加工时，需注意以下问题

1.装夹钻头要用钻夹头钥匙，不得用楔铁和手锤敲击，以免损坏钻夹头。

2.钻头用钝后必须及时进行修磨。

3.钻孔时，手动进给的压力应根据钻头的工作情况以目测和感觉进行控制。

4.注意钻孔操作安全事项。注意保护好铰刀刃，刀刃上如有毛刺或切屑黏附，可用油石小心磨去。

5.起铰后，右手垂直加压，左手转动，两手用力均匀，速度不可过快，保持稳定。

6.适当控制进给量，锥铰刀具有自锁性，以防铰刀被卡住。从锥孔中取出铰刀时，应顺时针旋转，不可倒转。

钻孔时易出现的问题及原因

易出现的问题	产生原因
孔大于规定尺寸	1.钻头切削刃不对称； 2.钻床主轴径向偏摆； 3.钻头装夹不好或者本身弯曲，钻头径向跳动大。

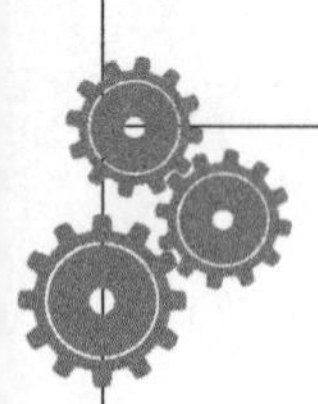

易出现的问题	产生原因
孔壁粗糙	1.钻头不锋利； 2.进给量太大； 3.切削液使用不当或者供应不足； 4.钻头过短、排屑堵塞。
孔位偏移	1.工件划线不准确； 2.钻头横刃太长定心不准； 3.起钻过偏，而没有校正。
孔歪斜	1.工件上与孔垂直的平面与主轴不垂直或者钻床主轴与工作台不垂直； 2.工件在安装时，安装接触面上的切屑未清除干净； 3.工件装夹不牢； 4.进给量过大，使得钻头弯曲变形。
钻孔成多角形	1.钻头后角太大； 2.钻头两主切削刃不对称，长短不一。
钻头工作部分折断	1.钻头用钝后仍继续使用； 2.钻孔时未经常退钻排屑，切屑在钻头螺旋槽内阻塞； 3.孔将钻通时没有减小进给量； 4.工件未夹紧； 5.在钻黄铜一类的软金属时，钻头后角太大，前角没有修磨造成扎刀； 6.进给量太大。
切削刃迅速磨损或碎裂	1.切削速度过高； 2.没有根据工件材料来刃磨麻花钻角度； 3.工件表面或者内部硬度高或有砂眼； 4.进给量过大； 5.切削液不足。

刮削注意事项

1.达到刮削姿势、动作正确，必须严格操作。

2.要重视刮刀的修磨，正确刃磨好刮刀，是提高刮削速度、精度的保证。

3.挺刮时，刮刀柄应安装可靠，防止木柄破裂使刮刀柄端穿过木柄伤人。

4.刮削中研点方法是先直研（纵向、横向），后对角研。每三块平板轮刮后应调换一次研点方法，并在从粗刮到细刮的过程中，研点移动距离逐渐缩短，显示剂涂层逐步减薄，这样可使显点真实、清晰。

5.刮削时，工件要装夹牢固，大型工件要安放平稳，搬动时要注意安全。

6.刮削至工件边缘时，不可用力过猛，以免发生事故。

7.在刮削中要勤于思考、善于分析，随时掌握工件的实际误差情况，并选择适当的部位进行刮削修正，能以最少的加工量和刮削时间来达到技术要求。

平面刮削注意事项

1. 每次刮削推研时要注意清洁工件表面，不要让杂质留在研合面上，以免造成刮面或标准平板的划伤。

2. 不论粗、细、精刮，对小工件的显示研点，应当是标准平板固定，工件在平板上推研，推研时要求压力均匀，避免显示失真。

攻螺纹注意事项

1. 起攻时，一定要从两个方向检验垂直度并及时校正，这是保证螺纹质量的重要环节。

2. 攻螺纹时如何控制两手用力均匀是攻螺纹的基本功，必须努力掌握。

套螺纹注意事项

1. 起套时，一定要从两个方向检验垂直度并及时校正，这是保证螺纹质量的重要环节。

2. 套螺纹时如何控制两手用力均匀是套螺纹的基本功，必须认真掌握。

3. 选择适当的切削液。

六角螺母的制作注意事项

1. 钻螺纹底孔时，装夹要正确，保证孔中心线与六角端面的垂直度。

2. 起攻时，要及时纠正两个方向的垂直度，这是保证螺纹质量的重要环节，否则出现切出的螺纹牙型一面深一面浅，并且随着螺纹长度的增加，歪斜现象明显增加，造成不能继续切削或丝锥折断。

3. 由于材料较厚，又是钢料，因此在攻螺纹时，要加冷却润滑液，并经常倒转排屑。

研磨注意事项

1. 研磨时工件运动的范围不能过大，每次研磨的压力要均匀。

2. 研磨时要经常调换工件方向，也不可在同一位置研磨，防止平板产生局部凹隙。

3. 粗研与精研时不可使用同一块研磨平板。若用同一块研磨平板，必须用汽油将粗研磨料清洗干净后，再进行精研磨。

4. 研磨前，选择研具的材料要比工件的硬度低，并具有良好的嵌砂性、耐磨性和足够的刚性及较高的几何精度。

5. 研磨时，研磨的速度不能太快，精度要求高或易于受热变形的工件，其研磨速度不超过30 m/min。手工粗研磨时，每分钟往复40~60次；精研磨每分钟往复20~40次。

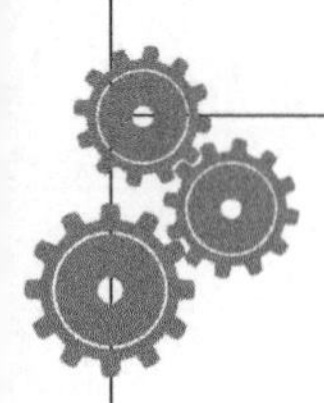

6.研磨外圆柱表面时，研磨套的内径应比工件的外径略大0.025~0.05 mm，研磨套的长度一般是其孔径的1~2倍。

7.研磨外圆柱表面时，对于直径大小不一的情况，可在直径大的部位多磨几次，直到直径相同为止。

8.研磨内圆柱表面时，研磨棒的外径应比工件内径小0.01~0.025 mm，研磨棒工作部分的长度为工件长度的1.5~2倍。

9.研磨内圆柱表面时，如孔口两端积有过多的研磨剂时，应及时清理。研磨后，应将工件清洗干净，冷却至室温后再进行测量。

矫正的注意事项

金属材料在矫正的过程中，由于它的内部组织发生变化，造成金属材料硬度提高，塑性下降，性质变脆，即加工硬化，这给进一步矫正或冷加工带来困难，必要时可进行退火处理（可用气焊火焰进行），使其恢复原来的机械性能。对于变形十分严重或塑性较低的金属材料，可以加热到700 ℃~1000 ℃再进行矫正。金属材料的变形是多方面的，也是多种形式的，遇到问题需要分析其产生变形的内在因素，找出解决问题的最好办法，切忌“头痛医头、脚痛医脚”，盲目下锤。手工矫正灵活，投入少，操作方便，在单件、小批量生产及没有专用设备情况下得到普遍应用。

铆接注意事项

1.铆接前要将长度计算好，如伸出部分的长度为短，铆不成半圆，太长会使铆接的半圆头产生涨边现象，最好要试铆。

2.半圆头铆接时，顶模、罩模要放正，防止半圆头面变形。

3.应严格按铆接顺序进行铆接。

4.铆合面之间接触应贴合，铆后应无缝隙。

5.在活动铆接时，要经常检查活动情况，如果发现太紧，可把铆钉原头垫在有孔的垫铁上，锤击铆合头，使其活动。

6.用罩模在前后左右摇动铆合时，应防止罩模接触垫片表面，敲出印痕，破坏外形。

7.在进行沉头铆接时，注意不要损伤加工表面。

热处理淬硬注意事项

为避免在操作过程中出现人员烫伤情况，必须注意以下几点：

1.必须由专人负责电炉，包括开关炉门、拿放工件、电源控制及加温操作等。

2. 打开炉门时应穿戴较厚的防护服装（特别是防护手套），并站在炉门的侧面，避免热灼伤。

3. 拿取工件需用较长的钳子完成。

4. 轻轻投入水中，防止溅起热水烫伤。

5. 不要急于用手拿被冷却的工件，防止因冷却不彻底而被烫伤。

装配前零件的清理和清洗的注意事项

1. 对于橡胶制品，如密封圈等零件，严禁用汽油清洗，以防橡胶件发胀变形，而应使用清洗剂进行清洗。

2. 清洗零件时，可根据不同精度的零件，选用棉纱或泡沫塑料擦拭。滚动轴承不能使用棉纱清洗，以防止棉纱搅进轴承内，影响轴承装配质量。

3. 零件在清洗工作后，应等零件上的油滴干后，再进行装配，以防油污影响装配质量。同时清洗后的零件不应放置过长时间，防止污物和灰尘再次弄脏零件。

4. 零件的清洗工作，根据需要可分为一次清洗和二次清洗。零件在第一次清洗后，应检查配合表面有无碰伤和划伤，齿轮的齿顶部分和棱角有无毛刺，螺纹有无损坏等。对零件的毛刺和轻微破损的部位可用磨石、刮刀、砂布、细锉刀进行修整。经过检查修整后的零件，再进行第二次清洗。

螺纹连接装配的技术要求

1. 保证一定的拧紧力矩，使螺纹连接可靠紧固，拧紧螺纹时，使纹牙间产生足够的预紧力。

2. 螺纹连接要有可靠的防松装置，防止在冲击震动或交变载荷下螺纹连接松动。螺纹连接一般都具有自锁性。

3. 保证螺纹连接的配合精度。

键连接的装配技术要求

一、松键的装配技术要求

1. 清除键及键槽上的毛刺，以防影响配合的正确性。

2. 装配前应检查键的直线度、键槽对轴心线的对称度和平行度。

3. 只能用键的头部与键槽试配，以防键在键槽内嵌紧不易取出。

4. 锉配较长键时，允许键与键槽在长度方向上有0.1 mm 的间隙。

5. 在配合面上加机油后，将键压入轴槽中，并与键槽底接触良好。

6. 试配并安装套件（齿轮、带轮等）时，键与键槽的配合面应留有间隙，使轴与套件达到同轴度要求。

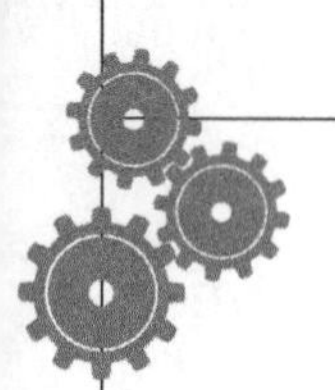

二、紧键的装配技术要求

1.装配楔键时，可用涂色法检查键的上下表面与轴槽的接触情况。

2.若接触不好，可用锉刀或刮刀修整键槽。

3.合格后，轻敲紧键入内，使套件周向、轴向紧固可靠。

三、花键的装配技术要求

1.进行花键连接时套件应在花键轴上固定，过盈量小时，可用铜棒敲一下，若过盈量较大，可用热胀冷缩原理，将套件（花键孔）加热到80 ℃~120 ℃后再进行装配。

2.进行花键连接时应保证正确的配合间隙，使套件在花键轴上能自由滑动，用手摆动套件时，不应感觉有明显的周向间隙。

3.对经热处理后的花键孔，应用花键推刀修整后再进行装配。

4.装配后的花键副，应检查花键轴与花键套的同轴度和垂直度。

带传动机构的装配技术要求

1.严格控制带轮的安装位置，使带轮在轴上没有过大的歪斜。

2.两根带轮的中心平面应重合，其倾斜角和轴向偏移量不应过大。一般倾斜角不应超过1°。

3.带轮工作表面粗糙度要适当，过小容易脱落，过大则使传动带过快磨损。

4.传动带的张紧力要适当，过小容易脱落，过大则使传动带过快磨损。

齿轮传动机构装配技术要求

要保证齿轮与轴的同轴度精度要求，严格控制齿轮的径向圆跳动和轴向窜动。

2.齿轮有准确的中心距和适当的齿侧间隙。

3.保证滑动齿轮在轴上滑移的灵活性和准确的定位位置。

4.检查齿轮的啮合质量，保证其有足够的接触面积和正确的接触位置。

5.对转速高、直径大的齿轮，装配前应进行平衡。

蜗杆传动机构的装配技术要求

1.蜗杆轴线与涡轮的轴线垂直。

2.蜗杆轴心线应在蜗轮轮齿的对称中心面内。

3.蜗杆、蜗轮间的中心距一定要准确。

4.有适当的齿侧间隙和正确的接触斑点。

滚动轴承的装配技术要求

1.滚动轴承上标有代号的端面应装在可见的方向，以便更换时查对。

2.轴承装在轴上或壳体的孔上后，不应有歪斜现象。

3.同轴的两个轴承中，必须有一个可以随轴热胀时有轴向移动的余地。

4.装配过程中要防止异物进入轴承内。

5.装配后的轴承运转灵活、噪声小，工作温度不超过50℃。

V形四方镶配件安全及注意事项

1.在作配合修锉时，可通过透光法和涂色显示法来确定修锉部位和余量，逐步达到正确的配合要求。

2.在加工内垂直面时，要防止锉刀侧面碰坏另一垂直侧面，因此必须将锉刀一侧在砂轮上进行修磨，并使其与锉刀面夹角略小于90°，刃磨后最好用油石抛光。

3.在整个加工过程中，加工面都比较窄，但一定要锉平并保证与大平面垂直。否则，互换配合后就会出现较大间隙。

4.在试配过程中，不得用锤子敲击配合处，以防止将配锉面划伤或使工件变形。

5.V形四方镶配质量检查的内容和成绩的评定。

錾口榔头制作的注意事项

1.用钻头钻孔时，要求钻孔位置正确，钻孔孔径没有明显扩大，以免造成加工余量不足，影响腰孔的正确加工。

2.锉削腰孔时，应先锉两侧平面，后锉两端圆弧面。在锉平面时要注意控制好锉刀的横向移动，防止锉坏两端孔面。

3.加工凹圆弧时，横向锉要锉准、锉光，然后推光就容易，且圆弧尖角处也不易塌角。

4.在加工内外圆弧面时，横向必须平直，并与侧平面垂直，才能使弧面连接正确、外形美观。

刀口角尺制作的注意事项

1.在锉两个平面时，锉向要一致，锉尺座时要特别注意将面锉平。

2.锉刀口斜面必须在平面加工达到要求后进行，并要注意不能碰坏垂直面，造成角度不准。

3.90° 角尺是以短面为基准测量直角，但在加工时应先加工长直角面，然后以此面作基准来加工短面达到90° 直角，而最后检查垂直度仍应以短直角面为测量基准。

4. 各测量面最后还须进行研磨加工，使表面粗糙度达到$Ra \leqslant 0.1$ μm 的要求，故在本处加工后，必须保证各测量面不应有可见的锉削纹路。

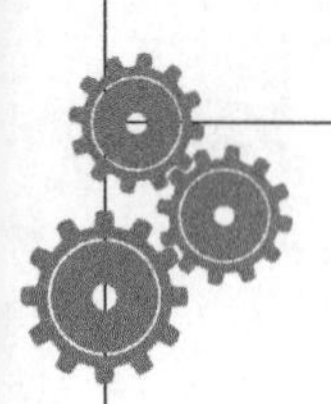

凹凸件加工注意事项

1.使用千分尺时，一定要注意读数方法。读千分尺有两种方法；一种是当棘轮装置发出“嗒嗒”声后，轻轻晃动尺架，手感到两测量面已与被测表面接触良好后，即进行读数，然后反转微分筒，取出千分尺；另一种方法是用上述方法调整好千分尺后，锁紧，取下读数。

2.凹凸件盲配加工的难点在于尺寸公差的控制，因此，从划线开始，每一步工序都要适时检测，以保证尺寸公差。

加工凸形体注意事项

1.凹凸件锉配主要应控制好对称度，采用间接测量的方法来控制工件的尺寸精度，必须要控制好有关的工艺尺寸。

2.为达到配合后的转位互换精度，加工时必须要保证垂直度要求。若垂直度没有控制好，尺寸公差合格的凹凸件也可能不能配合，或者出现很大的间隙。

3.在加工凹凸件的高度（$15^{0}_{-0.027}$和$15^{0.027}_{0}$）时，初学者易出现尺寸超差的现象。

加工凹形体注意事项

在加工垂直面时，要防止锉刀侧面碰坏另一个垂直面，可以在砂轮上修磨锉刀的一侧，并使其与锉刀面夹角略小于90°，刃磨好后最好用油石磨光。

参考文献

[1] 中华人民共和国人力资源和社会保障部.钳工国家职业技能标准（2020年版）.

[2] 焦永和，张彤，张浩.机械制图手册[M].北京：机械工业出版社，2022.

[3] 邱言龙.装配钳工实用技术手册（第二版）[M].北京：中国电力出版社，2018.

[4] 钟祥山.钳工手册[M].北京：化学工业出版社，2020.

[5] 吴全生.机修钳工技能鉴定考核试题库（第2版）[M].北京：机械工业出版社，2014.

[6] 胡家富.钳工（高级）（第2版）[M].北京：机械工业出版社，2012.

[7] 人力资源和社会保障部教材办公室.钳工工艺学（第五版）[M].北京：中国劳动社会保障出版社，2014.